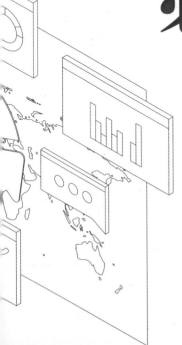

效率
工作術

翻倍

不會就太可惜的

Excel

必學圖表 第二版

關於文淵閣工作室

常常聽到很多讀者跟我們說：我就是看你們的書學會用電腦的。

是的！這就是寫書的出發點和原動力，想讓每個讀者都能看我們的書跟上軟體的腳步，讓軟體不只是軟體，而是提昇個人效率的工具。

文淵閣工作室創立於 1987 年，第一本電腦叢書「快快樂樂學電腦」

於該年底問世。工作室的創會成員鄧文淵、李淑玲在學習電腦的過程中，就像每個剛開始接觸電腦的你一樣碰到了很多問題，因此決定整合自身的編輯、教學經驗及新生代的高手群，陸續推出 「快快樂樂全系列」 電腦叢書，冀望以輕鬆、深入淺出的筆觸、詳細的圖說，解決電腦學習者的徬徨無助，並搭配相關網站服務讀者。

隨著時代的進步與讀者的需求，文淵閣工作室除了原有的 Office、多媒體網頁設計系列，更將著作範圍延伸至各類程式設計、攝影、影像編修與創意書籍。如果你在閱讀本書時有任何的問題或是許多的心得要與所有人一起討論共享，歡迎光臨文淵閣工作室網站，或者使用電子郵件與我們聯絡。

■ 文淵閣工作室網站　http://www.e-happy.com.tw

■ 服務電子信箱　e-happy@e-happy.com.tw

■ Facebook 粉絲團　http://www.facebook.com/ehappytw

總 監 製 ： 鄧文淵　　　　責任編輯 ： 鄧君如

監　　督 ： 李淑玲　　　　執行編輯 ： 黃郁菁‧熊文誠‧鄧君怡

行銷企劃 ： 鄧君如‧黃信溢

本書範例

本書範例檔可於碁峰網站下載：http://books.gotop.com.tw/download/ACI033500，分為 <Part01.zip> ~ <Part09.zip> 以及 <附錄A> 共十個連結，按一下各單元連結可下載該單元壓縮檔，解壓縮下載回來的檔案後即可使用。每個範例檔的檔名是以 <單元編號-範例編號.xlsx> 組合而成，例如：<5-070.xlsx>。

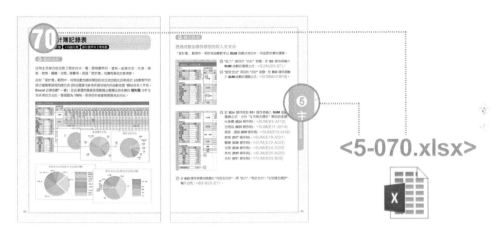

大部分的範例檔會有二個工作表，如下圖工作表命名為 "銷量表" 的為原始練習檔，而命名為 "銷量表-ok" 的為已完成設計的完成檔：

2		第一年	第二年	第三年
3	高爾夫用品	44	83	68
4	露營用品	63	71	117
5	直排輪式溜冰鞋	28	49	61
6	羽球	27	43	18
7	登山運動鞋	48	46	51
8				

銷量表　銷量表-ok　⊕

2		第一年	第二年	第三年
3	高爾夫用品	44	83	68
4	露營用品	63	71	117
5	直排輪式溜冰鞋	28	49	61
6	羽球	27	43	18
7	登山運動鞋	48	46	51
8				

銷量表　銷量表-ok　⊕

▶ 線上下載

本書範例檔與附錄 A 內容請至下列網址下載：

http://books.gotop.com.tw/DOWNLOAD/ACI033500

檔案為 ZIP 格式，讀者自行解壓縮即可運用。其內容僅供合法持有本書的讀者使用，未經授權不得抄襲、轉載或任意散佈。

目錄

Part 1 建立圖表前必學的資料整理技巧

Part 2 圖表的設計原則

Part

3

用圖表呈現大數據

Part 4 組合式圖表應用

Part 5 主題式圖表應用

Part 6

互動式圖表應用

(附錄採 PDF 電子檔方式提供，請讀者至碁峰網站下載：http://books.gotop.com.tw/download/ACI033500。)

建立圖表前必學的
資料整理技巧

圖表動工前必須先輸入相關資料內容，並檢查資料
與數據的完整性及正確性，再依需求進行拆分或排
序，如此一來即可建立適合的資料圖表。

1 簡單圖表説明大數據

不論是日常生活還是商店、公司行號，最常面對的就是支出與收入數值的加加減減，看似沒什麼的數據所產生和累積的資料量也是很驚人的！從平常的營業支出、薪資、差旅、廣告行銷、設備更新...等費用，都可挖掘出有用的資訊。

大家的閱讀習慣都是先看圖再看文字，用圖表說明複雜的統計數據會比用口頭或冗長的文字報告來的有效率，如右表「年度目標達成差異」的資料內容，雖然僅有 "月份"、"目標值 "、"實際營業收益 "、"差異 " 四個欄位，但文字與數值資料的列表呈現並不容易看出數據內的資訊。

月份	目標值	實際營業收益	差異
1月	140	230	90
2月	140	202	62
3月	190	256	66
4月	190	136	-54
5月	150	120	-30
6月	200	280	80
7月	200	250	50
8月	220	267	47
9月	220	178	-42
10月	240	245	5
11月	160	189	29
12月	160	205	45

如果能以出色的視覺化資訊圖表來呈現，整體的表達與溝通效果就大大不同了！可以快速的看出哪些月份有達到年度目標值，而管理者則需要進一步透析圖表所傳達出來的資訊，了解未達成年度目標值的原因。

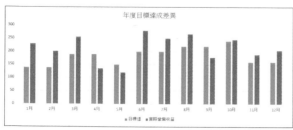

使用 **直條圖** 圖表呈現「年度目標達成差異」的資料內容，即可快速看出每個月份實際營業收益的成長起伏。

若進階運用 **直條圖 X 折線圖** 的組合圖表呈現，則可更清楚的看出只有 4 月、5 月、9 月沒有達到年度目標值，其他月份中屬 1 月與 6 月的業績最好。

2 | 將資料數據化為圖表的四個步驟

圖表包含直條圖、橫條圖、折線圖、圓形圖…等類別，要將資料轉換為圖表其實不難，但首要將資料內容整理好並選擇合適的圖表類型套用，這樣才能有效的透析數據中的資訊。

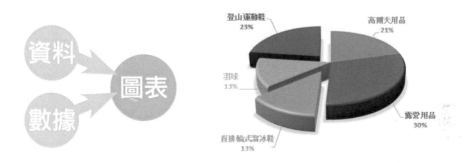

以下列出將資料數據化為圖表的四個步驟以及各階段所需要進行的內容：

1. 整理資料內容

輸入相關資料內容後，在建立圖表前要先檢查相關資料與數據的完整性、正確性以及是否有不該出現或重複出現的，還可進一步依資料與數據的重要性排序或篩選內容。

2. 確認圖表主題

圖表要有吸引力，需先找到資料數據內具有獨特性與關鍵性的重點，或是想透過圖表反映出的訊息，確認圖表主題後即可依其為開端來發想、建立。

3. 套用合適的圖表類型

圖表的類型有很多，更進階的還有組合式、互動式圖表，然而有時最簡單的圖表 (長條圖、折線圖、圓型圖) 反而是最適合這份資料內容呈現的方式，所以這個階段最主要是依圖表主題選擇一個合適的圖表類型套用。

4. 調整圖表相關元素與視覺色彩

圖表建立後預設的樣式與色彩不一定適合這個圖表主題，需要透過調整字型、結構、色彩…等圖表元素，將圖表設計的更加引人入勝。

3 收集並整理數據

數據哪裡來？

日常生活中會接觸到許多數據，例如：薪水、獎金、房租...等，而企業與公司行號則擁有像員工通訊錄、財務報表、客戶滿意度調查...等大筆的資料數據。完整的資料數據可以分析出過去發生什麼事，以及為什麼會發生這些事件的原因，有了這些資訊，主管才能快速做出正確的決策。

常見的資料表問題

資料數據可能是從不同單位的同事或公司行號取得，因此在匯總並整理的過程中，常見的問題有：數值資料中摻雜了文字、部分數值資料不該有負數或小數點、唯一且不能重複的資料卻出現重複的、資料記錄中有空白的欄列或缺失、地址資料的記錄格式不一致、日期資料中年份輸入錯誤...等。

用 Excel 整理數據

為了避免出現前面提到的問題，輕鬆擁有一份標準的資料表，以下提供二項建議：

事先做好資料的規範和把關

於資料來源單位做好資料的規範和把關，在輸入資料時就為列表方式、資料類型及內容訂定格式規範，輸入過程中若有錯誤則由 Excel 即時發出警告訊息，讓問題可以即時發現並修正。

有效率的檢查與調整報表

如果目前手上的資料已經是一份客製化報表，前面提到的問題都發生了，那該怎麼辦？建議於熟悉的 Excel 中先完整的檢查並修正，如此才能進行後續的資訊分析和建立正確的視覺化效果。

4 調整欄寬列高顯示完整資料

Excel 中開啟報表資料時，發現有些資料長度大於儲存格寬度，使內容無法完整顯示，可以適當調整以完整顯示資料。

Step 1 手動調整欄寬列高

當欄寬不足以完整顯示資料內容時，會以 "#" 來代替，而列高不足，則會讓資料內容無法完整顯示。

	A	B	C	D	E	F
1	編號	日期	產品項目	細項	台北店	高雄店
2	ax1298001	####	麥克筆	雙頭平頭	70	70
3	ax1298002	####	資料夾	風琴夾13格	60	50
4	ax1298003	####	橡皮擦	標準型	80	70
5	AX1298004	####	橡皮擦	素描軟橡皮	40	60
6	AX1298005	####	剪刀	事務專用	70	60
7	ax1298006	####	筆記本	活頁型	50	60
8	AX1298007	####	資料夾	透明	70	80
9	AX1298008	####	麥克筆	2mm	60	100
10	AX1298009	####	水彩筆	短版	123	70
11	AX1298010	####	水彩筆	攜帶型水筆	70	50

◀ 調整欄寬：將滑鼠指標移至要調整寬度的欄名右側邊界，呈 ✛ 狀時，按住滑鼠左鍵不放左、右拖曳至適當的欄位寬度後放開。

	編號	日期	產品項目	細項	台北店	高雄店
1						
2	ax1298001	2017/1/5	麥克筆	雙頭平頭	70	70
3	ax1298002	2017/1/5	資料夾	風琴夾13格	60	50
4	ax1298003	2017/1/7	橡皮擦	標準型	80	70
5	AX1298004	2017/1/8	橡皮擦	素描軟橡皮	40	60
6	AX1298005	2017/1/10	剪刀	事務專用	70	60
7	ax1298006	2017/1/10	筆記本	活頁型	50	60
8	AX1298007	2017/1/15	資料夾	透明	70	80
9	AX1298008	2017/1/15	麥克筆	2mm	60	100
10	AX1298009	2017/1/18	水彩筆	短版	123	70

◀ 調整列高：將滑鼠指標移至要調整高度的列號下方邊界呈 ✚ 狀時，按住滑鼠左鍵不放上、下拖曳至適當的高度後放開。

Step 2 自動依內容調整欄寬列高

將滑鼠指標移至要調整寬度的欄名右側邊界，呈 ✛ 狀時，連按二下滑鼠左鍵，儲存格會依該欄的內容自動調整寬度。(自動依內容調整列高的方式，則是於列號下方邊界連按二下滑鼠左鍵。)

	A	B	C	D	E	F
1	編號	日期	產品項目	細項	台北店	高雄店
2	ax1298001	####	麥克筆	雙頭平頭	70	70
3	ax1298002	####	資料夾	風琴夾13格	60	50
4	ax1298003	####	橡皮擦	標準型	80	70
5	AX1298004	####	橡皮擦	素描軟橡皮	40	60
6	AX1298005	####	剪刀	事務專用	70	60
7	ax1298006	####	筆記本	活頁型	50	60
8	AX1298007	####	資料夾	透明	70	80

5 移除空白欄、列

資料內容中若有空白欄、列、儲存格，函數匯算、統計分析、圖表製作時會出現錯誤，建議檢查後若確定不需要該欄、列資料請將其刪除。

Step 1 刪除欄的方法

若整欄資料都不需要，可將該欄刪除。

1. 滑鼠指標移至想要刪除的欄名上，呈 ↓ 狀時，按一下滑鼠左鍵，選取此欄。

2. 於選取的欄上按一下滑鼠右鍵，選按 **刪除**。

Step 2 刪除列的方法

若整列資料都不需要，可將該列刪除。

1. 滑鼠指標移至想要刪除的列號上，呈 → 狀時，按一下滑鼠左鍵，選取此列。

2. 於選取的列上按一下滑鼠右鍵，選按 **刪除**。

6 移除多餘空白

從不同檔案格式取得的資料有時會產生多餘空白，當發現運算結果有問題時，不妨檢查一下資料末尾是否有多餘空白，再利用 **取代** 功能刪除。

Step 1 開啟尋找及取代對話方塊

1 選取資料中任一儲存格。

2 於 **常用** 索引標籤。

3 選按 **尋找與選取 \ 取代**。

Step 2 尋找資料中的空白並取代

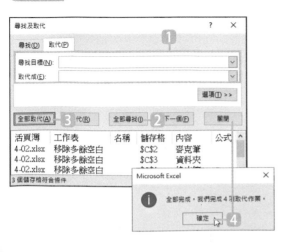

1 於 **尋找目標** 欄位以空白鍵輸入一個空白，**取代成** 欄位不用輸入。

2 選按 **全部尋找** 鈕，找到符合條件的資料。

3 選按 **全部取代** 鈕。

4 出現提示訊息，告知共完成幾筆，最後選按 **確定** 鈕再選按 **關閉** 鈕。

如此即完成整份工作表 "空白" 的移除。

7 統一英文字母大、小寫

使用以下三個函數，可以快速轉換英文字大小寫：**LOWER** 函數會將英文字母均轉換成小寫；**UPPER** 函數會將英文字母均轉換成大寫；**PROPER** 函數會將第一個字母轉換成大寫。

Step 1 利用 **UPPER** 函數將英文字母均轉換成大寫

將 A2 至 A17 儲存格中的編號，統一調整每個英文字母為大寫。

	A	B	C	D	E	F	G	H
1	編號	日期	產品項目	細項	台北店	高雄店	數量總計	
2	ax1298001	2017/1/5	麥克筆	雙頭平頭	70	70	140	=upper(A2)
3	ax1298002	2017/1/5	資料夾	風琴夾13格	60	50	110	
4	ax1298003	2017/1/7	橡皮擦	標準型	80	70	150	

1️⃣ 於空白的 H2 儲存格輸入函數：「=UPPER(A2)」，然後按 **Enter** 鍵。

	A	B	C	D	E	F	G	H
1	編號	日期	產品項目	細項	台北店	高雄店	數量總計	
2	ax1298001	2017/1/5	麥克筆	雙頭平頭	70	70	140	AX1298001
3	ax1298002	2017/1/5	資料夾	風琴夾13格	60	50	110	
4	ax1298003	2017/1/7	橡皮擦	標準型	80	70	150	

2️⃣ 選取 H2 儲存格，於儲存格右下角的小黑色方塊連按二下滑鼠左鍵。

	A	B	C	D	E	F	G	H	I
1	編號	日期	產品項目	細項	台北店	高雄店	數量總計		
2	ax1298001	2017/1/5	麥克筆	雙頭平頭	70	70	140	AX1298001	
3	ax1298002	2017/1/5	資料夾	風琴夾13格	60	50	110	AX1298002	
4	ax1298003	2017/1/7	橡皮擦	標準型	80	70	150	AX1298003	
5	AX1298004	2017/1/8	橡皮擦	裹描軟橡皮	40	60	100	AX1298004	

3️⃣ 該欄會自動填入對應的值並呈選取狀態，接著按 **Ctrl** + **C** 鍵複製。

Step 2 貼上值

1️⃣ 選取 A2 儲存格，按 **Ctrl** + **V** 鍵貼上。

2️⃣ 選按 **貼上選項 \ 值**，只貼上值而不是公式。(最後可以刪除右側不再需要的 H 欄資料)

8 統一全型、半型

如果資料中夾雜著半形、全形的英數字，可利用 **ASC** 函數快速將全形的英、數字轉換成半形。

Step 1 **利用 ASC 函數將全形英、數字轉換成半形**

將 A2 至 A17 儲存格中的編號，統一調整為半形資料。

	A	B	C	D	E	F	G	H	I
1	編號	日期	產品項目	細項	台北店	高雄店	數量總計		
2	AX１２９８００１	2017/1/5	麥克筆	雙頭平頭	70	70	140	=ASC(A2) ━①
3	AX１２９８００２	2017/1/5	資料夾	風琴夾13格	60	50	110		
4	ＡX１２９８００３	2017/1/7	橡皮擦	標準型	80	70	150		

① 於空白的 **H2** 儲存格輸入函數：「=ASC(A2)」，然後按 **Enter** 鍵。

	A	B	C	D	E	F	G	H	I
1	編號	日期	產品項目	細項	台北店	高雄店	數量總計		
2	AX１２９８００１	2017/1/5	麥克筆	雙頭平頭	70	70	140	AX1298001
3	AX１２９８００２	2017/1/5	資料夾	風琴夾13格	60	50	110	②＋
4	ＡX１２９８００３	2017/1/7	橡皮擦	標準型	80	70	150		

② 選取 **H2** 儲存格，於儲存格右下角的小黑色方塊連按二下滑鼠左鍵。

	A	B	C	D	E	F	G	H	I	J
1	編號	日期	產品項目	細項	台北店	高雄店	數量總計			
2	AX１２９８００１	2017/1/5	麥克筆	雙頭平頭	70	70	140	AX1298001	③
3	AX１２９８００２	2017/1/5	資料夾	風琴夾13格	60	50	110	AX1298002	
4	ＡX１２９８００３	2017/1/7	橡皮擦	標準型	80	70	150	AX1298003	
5	ＡX１２９８００４	2017/1/8	橡皮擦	素描數懷皮	40	60	100	AX1298004	

③ 該欄會自動填入對應的值並呈選取狀態，接著按 **Ctrl** + **C** 鍵複製。

Step 2 **貼上值**

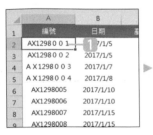

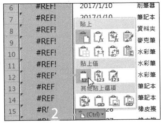

① 選取 **A2** 儲存格，按 **Ctrl** + **V** 鍵貼上。

② 選按 **貼上選項 \ 值**，只貼上值而不是公式。(最後可以刪除右側不再需要的 H 欄資料)

9 將缺失資料補齊或刪除該記錄

工作表資料內容中，若有部分數據還沒取得就直接設計視覺效果或其他分析，會呈現不正確的資訊，這樣的狀況在統計學中稱為 "缺失資料"。面對一份複雜的資料表，如果缺失的資料是很關鍵的數據，可以運用 **尋找與選取** 功能快速找到缺失資料的儲存格，再判斷要補上該資料還是刪除整筆記錄。

Step 1 選取空白儲存格

範例中可看到有多筆記錄沒有完整顯示各分店申請數量，在此使用 **尋找與選取** 功能一次找到所有缺失資料儲存格。

1. 選取工作表中的資料數據 (不含欄位標題)。

2. 選按 **常用** 索引標籤

3. 選按 **尋找與選取 \ 特殊目標**，開啟對話方塊。

4. 核選 **空格**。

5. 選按 **確定** 鈕。

Step 2 **填上資料或刪除該筆記錄**

可看到缺失資料儲存格均被選取，接下來判斷是否有資料可以填補上去，或是依如
下操作刪除有缺失資料的該筆記錄。

1 在任一選取的空白儲存格
上按一下滑鼠右鍵，選按
刪除。

2 核選 **整列**。

3 選按 **確定** 鈕。

◀ 會看到有缺失資料的該筆
記錄已整列刪除。

10 將缺失資料自動填滿

資料中遇到與上一項目相同的重複性內容常常會省略輸入,導致後續製作的數據分析與視覺效果產生錯誤,這樣的狀況常會以複製貼上的方式一格一格將資料補上,但在大數據中這個作法既費時又費力,現在就來分享如何以上方的資料內容快速填滿空格。

Step 1 選取空白儲存格

範例中可看到 "登記單位" 與 "產品項目" 欄位中有許多缺失資料,而缺失資料內要填入的即是上方的資料內容,在此先一次找到所有缺失資料儲存格。

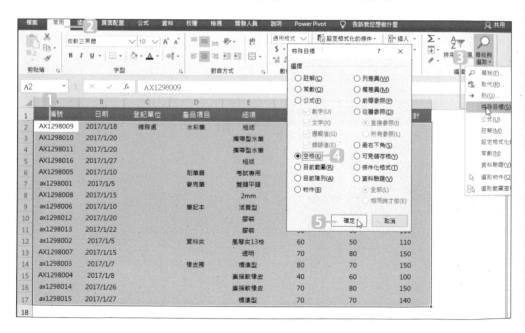

1. 選取工作表中的資料數據 (不含欄位標題)。

2. 選按 **常用** 索引標籤

3. 選按 **尋找與選取 \ 特殊目標**,開啟對話方塊。

4. 核選 **空格**。

5. 選按 **確定** 鈕。

Step 2 自動填入空白區段上方資料內容

接續前面空白儲存格已選取的狀態下，將資料快速填入。

1. 直接按鍵盤上的 `=` 鍵，再按 `↑` 鍵，讓公式變成取得上一格儲存格的資料內容。

2. 再按 `Ctrl` + `Enter` 鍵，自動填滿公式。

◄ 會看到所有缺失資料都被上方的資料內容填滿囉！

11 檢查數值資料中是否摻雜了文字

有些欄位內的資料必須是數值格式 (如：銷售金額、人口數、商品數量...等)，如果輸入數值資料時不小心摻雜了文字，後續產生視覺效果時便無法正確判斷與呈現。在此要檢查數值資料中是否摻雜了文字，若檢查出文字資料於儲存格填入顏色標示。

Step 1 新增規則

使用儲存格的格式化條件新增規則。

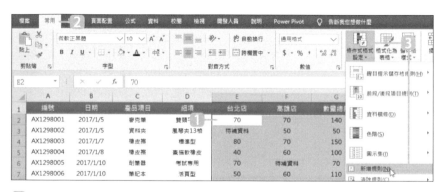

1️⃣ 選取要檢查的資料範圍。

2️⃣ 選按 **常用** 索引標籤

3️⃣ 選按 **條件式格式設定 \ 新增規則** 開啟對話方塊。

Step 2 規則中加入公式判斷

利用 **ISTEXT** 函數判斷指定的欄位中是否摻雜了文字。

1️⃣ 於 **選取規則類型** 選按 **使用公式來決定要格式化哪些儲存格**。

2️⃣ 於 **格式化在此公式為 True 的值** 欄位輸入：「=ISTEXT(E2)」。(函數括號內的引數請輸入目前選取範圍最左上角的儲存格名稱)

3️⃣ 選按 **格式** 鈕。

4 選按 **填滿** 標籤。

5 選按合適的填滿色彩。

6 選按 **確定** 鈕。

7 回到 **新增格式化規則** 對話方塊選按 **確定** 鈕，完成設定。

◀ 選取範圍內，摻雜的文字資料已加上底色標示。

日期	產品項目	細項	台北店	高雄店	數量總計
2017/1/5	麥克筆	雙頭平頭	70	70	140
2017/1/5	資料夾	風琴夾13格	待補資料	50	50
2017/1/7	橡皮擦	標準型	80	70	150
2017/1/8	橡皮擦	素描軟橡皮	40	60	100
2017/1/10	削筆器	考試專用	70	待補資料	70
2017/1/10	筆記本	活頁型	50	60	110
2017/1/15	資料夾	透明	70	80	150
2017/1/15	麥克筆	2mm	60	100	160
2017/1/18	水彩筆	短版	123	70	193
2017/1/20	水彩筆	攜帶型水筆	70	50	120
2017/1/20	水彩筆	攜帶型水筆	80	70	150
2017/1/20	筆記本	膠裝	70	60	130
2017/1/22	筆記本	膠裝	50	60	110
2017/1/26	橡皮擦	素描軟橡皮	70	80	150
2017/1/27	橡皮擦	標準型	70	70	140
2017/1/27	水彩筆	短版	30	77	107

建立圖表前必學的資料整理技巧

12 檢查數值資料是否介於指定範圍內

輸入數值資料時常會一不小心多了一個 "0"、少了一個 "0"、應該輸入 "3" 但輸入了 "4"...等問題。在此運用數值是否介於指定範圍內的方式檢查，範例中 "日期" 欄位的值必須為 2017 年 1 月日期，若檢查出不正確的值於儲存格填入顏色標示。

Step 1 新增 "大於" 的規則

使用儲存格的格式化條件新增規則，找出大於 "2017/1/31" 的值。

1. 選取要檢查的資料範圍。

2. 選按 **常用** 索引標籤。

3. 選按 **條件式格式設定 \ 醒目提示儲存格規則 \ 大於** 開啟對話方塊。

4. 輸入大於的值，指定要呈現的格式。(在此例，當大於 "2017/1/31" 會於儲存格填入淺紅色並將數值以深紅色呈現)。

5. 選按 **確定** 鈕。

Step 2 新增 "小於" 的規則

使用儲存格的格式化條件新增規則，找出小於 "2017/1/1" 的值。

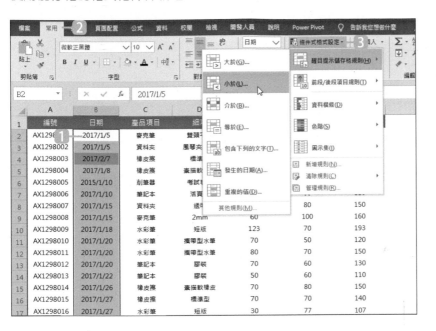

1 選取要檢查的資料範圍。

2 選按 **常用** 索引標籤。

3 選按 **條件式格式設定 \ 醒目提示儲存格規則 \ 小於** 開啟對話方塊。

4 輸入小於的值，指定要呈現的格式。(在此例，當小於 "2017/1/1" 時會於儲存格填入淺紅色並將數值以深紅色呈現)。

5 選按 **確定** 鈕。

(新增的格式化條件都會同時存在，如果想要修改條件或範圍，可以選按 **常用** 索引標籤 \ **條件式格式設定 \ 管理規則** 變更。)

13 檢查資料中重複的值

員工名冊、產品目錄...等報表中，每一筆編號資料都是唯一且不能重複，面對筆數眾多的報表，同樣可以利用格式化條件快速找到重複的資料，若檢查出重複的資料於儲存格填入顏色標示。

Step 1 新增的規則

使用儲存格的格式化條件新增規則，找出重複的值。

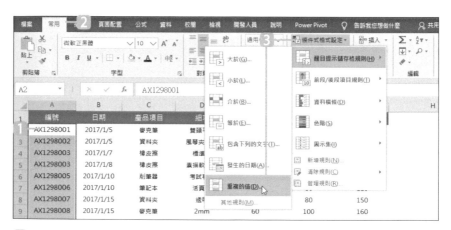

1. 選取要檢查的資料範圍。

2. 選按 **常用** 索引標籤。

3. 選按 **條件式格式設定 \ 醒目提示儲存格規則 \ 重複的值** 開啟對話方塊。

Step 2 設定格式

指定重複值的呈現格式，快速看出資料中重複的值。

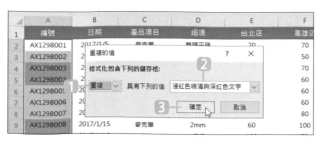

1. 選擇 **重複**。

2. 指定重複值的呈現格式。

3. 選按 **確定** 鈕。

14 拆分大量資料與數據

若來源檔是未經整理的數值，須耗費許多時間手動複製貼上，拆分資料至不同儲存格中，其實只要複製拆分第一筆資料，然後按下這組快速鍵自動拆分其餘資料。(此功能只支援 Excel 2013 及以上版本)

Step 1 拆分地址資料

	C	D	E
1			
2		縣市	詳細地
3	台中市清水區中山路196號	台中市	清水區中山路196號
4	台北市中山區松江路367號7樓		
5	台中市西區五權西路一段237號		
6	南投縣草屯鎮和興街98號		
7	台北市南港區南港路一段360號7樓		
8	台北市信義區五段15號		
9	嘉義市西區垂楊路316號		
10	彰化市彰美路一段186號		
11	花蓮縣花蓮市民國路169號		
12	高雄市九如一路502號		
13	台北市大安區辛亥路三段15號		

	D	E
1		
2	縣市	詳細地址
3	台中市	清水區中山路196號
4	台北市	中山區松江路367號7樓
5	台中市	西區五權西路一段237號
6	南投縣	草屯鎮和興街98號
7	台北市	南港區南港路一段360號7樓
8	台北市	信義路五段15號
9	嘉義市	西區垂楊路316號
10	彰化市	彰美路一段186號
11	花蓮縣	花蓮市民國路169號
12	高雄市	九如一路502號
13	台北市	大安區辛亥路三段15號

1️⃣ C 欄是原始資料，如上左圖先手動拆分 (複製、貼上) C3 資料至於 D3、E3 儲存格。

2️⃣ 選取資料拆分後下一個儲存格 (D4)，按 Ctrl + E 鍵，會依左側原始資料往下快速填入完成，再於 E4 儲存格以相同操作方式完成資料快速拆分填入。

Step 2 拆分轉帳代碼資料

	G	H	I	J
1	ATM銀行轉帳代碼表			
2	銀行/郵局	代碼	名稱	
3	003 交通銀行	003	交通銀行	
4	004 臺灣銀行			
5	005 土地銀行			
6	006 合作金庫			
7	007 第一商業銀行			
8	008 華南商業銀行			
9	009 彰化商業銀行			
10	102 華泰商業銀行			
11	808 玉山商業銀行			
12	700 中華郵政			
13				

	G	H	I	J
1	ATM銀行轉帳代碼表			
2	銀行/郵局	代碼	名稱	
3	003 交通銀行	003	交通銀行	
4	004 臺灣銀行	004	臺灣銀行	
5	005 土地銀行	005	土地銀行	
6	006 合作金庫	006	合作金庫	
7	007 第一商業銀行	007	第一商業銀行	
8	008 華南商業銀行	008	華南商業銀行	
9	009 彰化商業銀行	009	彰化商業銀行	
10	102 華泰商業銀行	102	華泰商業銀行	
11	808 玉山商業銀行	808	玉山商業銀行	
12	700 中華郵政	700	中華郵政	
13				

1️⃣ G 欄是原始資料，如上左圖先手動拆分 (複製、貼上) G3 資料至於 H3、I3 儲存格。

2️⃣ 選取資料拆分後下一個儲存格 (H4)，按 Ctrl + E 鍵，會依左側原始資料往下快速填入完成，再於 I4 儲存格以相同操作方式完成資料快速拆分填入。

15 快速修正資料中的錯字

在大量的資料與數據中,想要修正某個字、詞或某句內容時,可以利用尋找及取代功能,縮短尋找的時間並調整資料內容。

Step 1 尋找資料

以下範例將利用 **尋找** 功能找出 "台" 文字。

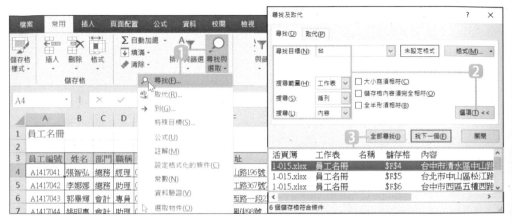

1. 選取資料中任一儲存格,於 **常用** 索引標籤選按 **尋找與選取 \ 尋找**。

2. 於 **尋找** 標籤 **尋找目標** 輸入「台」,選按 **選項** 鈕展開更多項目,接著設定 **搜尋範圍:工作表**、**搜尋:循列**、**搜尋:內容**。

3. 選按 **全部尋找** 鈕 (也可按 **找下一個** 鈕一筆筆尋找),可在下方看到活頁簿中所有相關的搜尋結果,選按欲瀏覽的項目,會自動切換至該儲存格位置。

TIPS

使用特殊字元尋找資料

尋找資料時,若無法確認正確的數值或單字時,可以使用萬用字元替代未知的資料,例如:? 號可尋找任何單一字元;* 號可尋找任何數目的字元;如果要尋找符號 * 或 ? 號時,可在字元與字元中間加入 ~ 符號。

Step 2 **取代資料**

找到資料後，接下來就利用 **取代** 功能，一次完成多筆替代動作。請於此範例中，將 "台" 替換為 "臺" 文字。

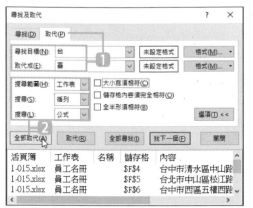

1. 在 **尋找與取代** 對話方塊中，選按 **取代** 標籤，確認 **尋找目標** 已輸入 「台」，於 **取代成** 輸入「臺」。

2. 設定 **搜尋範圍：活頁簿、搜尋：循列、搜尋：公式**，選按 **全部取代** 鈕 (也可選按 **取代** 鈕一筆筆取代)。

3. 選按 **確定** 鈕。

4. 再選按 **關閉** 鈕，回到工作表即可看到已完成取代的資料。

TIPS

取代功能

1. 如果尚未開啟 **尋找與取代** 對話方塊，則可以選取任一儲存格，於 **常用** 索引標籤選按 **尋找與選取 \ 取代** 開啟對話方塊。

2. 如果想要指定取代資料的格式，可於 **尋找與取代** 對話方塊 **取代** 標籤，按一下 **取代成** 右側的 **格式** 鈕，接著於 **取代格式** 對話方塊中設定字型格式。

16 依數值大小或筆劃來排序資料

排序是將資料依指定的順序重新排列，單一欄位排序是一般較常使用的排序方式，可以在欄位中依文字排序 (A 到 Z 或 Z 到 A，中文字筆劃多到少或少到多)、依數字排序 (最小到最大值或最大到最小值)，或依日期和時間排序 (最舊到最新以及最新到最舊)...等，讓觀察與分析資料更加容易。

Step 1 選取要排序的欄位

依 "編號" 欄位內的值，遞增排序資料：

	A	B	C	D	E	F	G
1				國外旅遊機票比價			
2	編號	國家	城市	出國日期	航空公司	未稅價	稅金
3	6	西	馬德里	2017/7/2	海南航空	15,370	16,910
4	4	荷蘭	阿姆斯特丹	2017/6/20	國泰航空	17,980	13,547
5	2	日本	東京	2017/5/28	長榮航空	7,684	2,550
6	7	希臘	雅典	2017/5/5	港龍航空	23,200	9,591
7	10	紐西蘭	奧克蘭	2017/4/13	長榮航空	32,100	9,452
8	3	韓國	首爾	2017/4/4	德威航空	4,750	2,900
9	1	泰國	普吉島	2017/4/4	泰國航空	8,957	2,395

1 選取 "編號" 欄位內任一資料儲存格，在此選取 A3 儲存格。

Step 2 以遞增 (由小至大) 的方式進行排序

1 於 資料 索引標籤選按 **從最小到最大排序**。

2 可發現資料已經依編號數字最小至最大排序所有資料囉！(同理，也可試試 **從最大到最小排序** 的排序效果。)

Part

2

圖表的設計原則

大量的資料總是讓人難以消化，除了將圖表以圖像方式有效傳達資料中的訊息，另外還要掌握圖表類型、色彩運用...等設計元素，才能製作出一份既專業又好看的圖表！

17 資料圖像化好處多多

工作或生活上，關於人事、財務、行政...的資料不勝枚舉，為了讓資訊有效被瞭解、被吸收，常常可以看到各式各樣的圖表應用，藉此精確地呈現內含目的與意義。

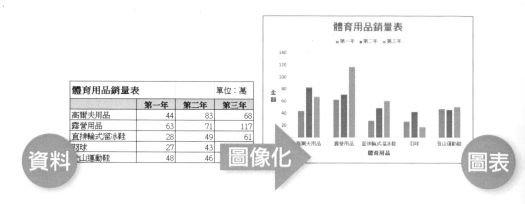

以下列出將資料化為圖表的四個好處：

1. 提供比文字更輕鬆易懂的圖像資訊

大量繁複的資料，除了無法在短時間內吸收，其中所要表達的訊息，也難以在瀏覽的過程中直接分析出來。這時候透過圖像，即可將冗長的數據與文字化繁為簡，直覺表現瀏覽者容易理解的資訊。

2. 突顯資料重點

圖表中透過細部的格式調整，就可以在大量的數據資料中，確實突顯想要傳達給瀏覽者的重要資訊。

3. 建立與瀏覽者之間的良好溝通

瀏覽時，圖表資訊會比文字或數字來得更有親和力，不但能立即吸引瀏覽者目光，更可以拉近彼此之間的距離，充份將資料做到有效的說明。

4. 豐富與專業化的展現

豐富的圖表，不僅外型美觀，讓資料清晰易懂；也可以充份展現專業度，大幅提高學習、工作效率，甚至是職場競爭力。

原始資料在經過一連串 "圖像化" 的動作後，雖然圖表的呈現快速、美觀，但有時候資料中隱含的重點，卻無法讓瀏覽者 "一眼就看穿"。

以 "支出總額" 這個範例來說：利用 **橫條圖** 表現各個項目在第一季的支出總額，其中雖然清楚運用 **資料標籤** 標示了每個支出項目的總額，圖表的格式看起來也很專業，但圖表中其實還隱含了 "房租項目的金額支出最多" 的資訊。

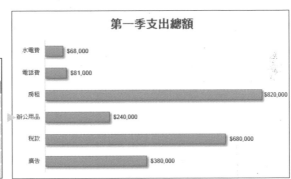

為了突顯 "房租項目的金額支出最多" 資訊，除了可以針對資料來源進行排序，讓支出金額最多的項目從上而下，由長到短排列。

還可以用不同的顏色突顯，讓瀏覽者看到圖表，直接就從腦中反應出：這一季的 "房租" 支出最多！

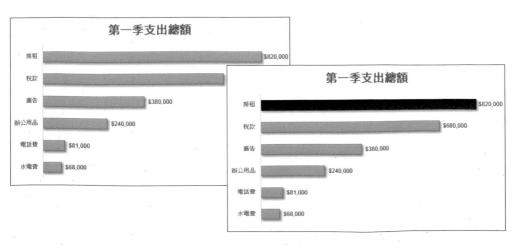

❷ 圖表的設計原則

19 組合多種不同的圖表類型

圖表建立時，大部分都是以單一類型的資料來源，如：人數、金額...等對象來分析，不過有時候也會針對二種以上不同的資料類型進行比較。以 "來台旅客成長分析" 這個範例來說，除了記錄二年各國來台旅客人數外，還計算了這二年的成長率。

2020 年度旅客成長分析			
	2019	2020	成長率
日本	1,421,550	1,634,790	15%
韓國	751,301	1,027,684	37%
港澳	1,874,702	3,587,152	91%
澳洲	783,341	1,375,770	76%
東南亞	1,261,596	1,388,305	10%
美國	414,060	700,691	69%
歐洲	823,062	964,880	17%

然而不要因為 "人數" 與 "成長率" 數值類型不同，就建立二個圖表，資訊不但不會因為多張圖表就可以有效表達，還可能讓瀏覽者一頭霧水，無法瞭解二者之間的關係。

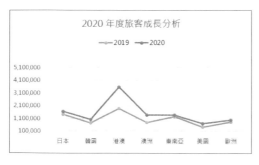
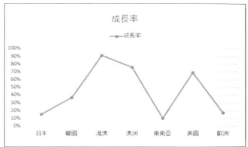

當資料來源的類型差異極大時，就可以透過組合式圖表來呈現，將資訊適當的整理在同一圖表中。以 "旅客成長分析" 範例來說，二年各國來台旅客人數以群組直條圖表示，成長率則是以折線圖表示，將二者組合在同一個圖表，就可以同時表達人口數與成長率。

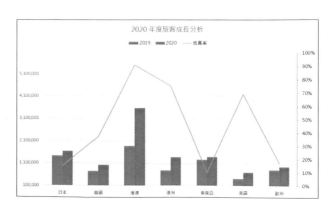

圖表不是複雜就好

圖表製作的過程中，常會著眼於美化的動作，反而忘了這些格式在套用時，是否會影響資訊的表達。畢竟圖表再好看，如果無法讓瀏覽者一目了然，也只是虛有其表，而沒有任何意義。

就像立體圖表雖然看起來很酷、很厲害，不過資料一多就顯得厚重。而且因為空間及角度的關係，遇到資料相近的狀況時，在辨識上更增加了難度。

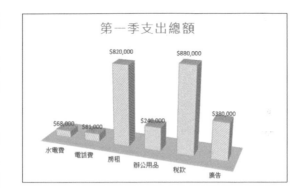

"支出總額" 這個範例以立體直條圖表現，但"水電費" 與 "電話費" 這二個項目金額相近，所以無法從立體圖立即看出這二筆支出誰多誰少，失去了 "圖像化" 的目的。

如果立體、陰影...等格式會造成瀏覽者觀看的困擾，而無法直覺的看出圖表中所要表示的資訊時，這時候可以去除多餘的設定，讓圖表回歸單純的外貌。

回到 "支出總額" 這個範例，改以單純的長條圖呈現，會發現即使沒有 **資料標籤** 的輔助，也可以快速分析出："稅款" 支出最高，"水電費" 支出最少的圖表訊息。

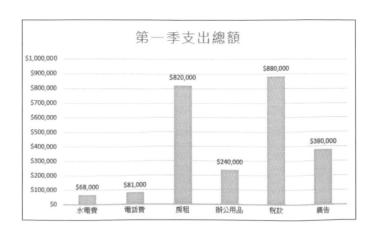

❷
圖表的設計原則

21 圖表配色不是多就好

色彩是一種很重要的視覺語言，在美化圖表的過程中，透過豐富的配色並搭配清楚的資料內容，不但能加強瀏覽者對圖表的印象，更可以讓人充分感受到色彩所傳達的訊息。

以下提供幾種配色的方法，幫助你在設計圖表時輕鬆搭配：

單色搭配

為了讓圖表 "好看"，常會不知不覺就使用了很多色彩，反而造成瀏覽者的負擔。這時候如果只有一種資料數列，在圖表主體套用單色效果就夠了！

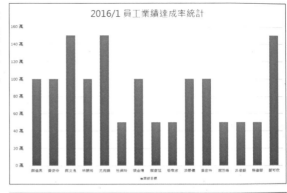

若覺得白色背景太過單調，可以透過背景色的使用，讓圖表呈現明亮、親切或沈穩、專業的印象。

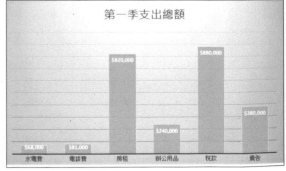

同色系搭配

同色系是將一種顏色，透過深淺的變化進行組合，以 "綠色" 來說，相同色系就有：草綠、青綠、翠綠、墨綠...等。透過這樣的配色方式，圖表會給人一致性的感覺，並充滿協調感與層次感。

同色系的搭配效果，較常用於堆疊長條圖 (橫條圖)，而顏色則是由深至淺，從下而上 (從左而右) 呈現較佳。

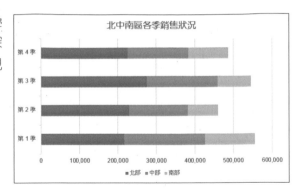

鄰近色系搭配

色環上任選一種顏色，二側的顏色即為同組的鄰近色。因為基礎色相同，所以色彩類似，如果運用在圖表時，搭配起來較為和諧。

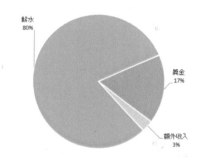

對比色系搭配

在色環上相對的顏色即是所謂的對比色，也稱為互補色，例如：紫色與黃色、綠色與紅色...等，而除了色彩之外，另外還有明暗、深淺、冷暖...等對比搭配，套用得當，可以強調圖表中資料的對立性或差異性，更可以給人一種活潑感與生命力。

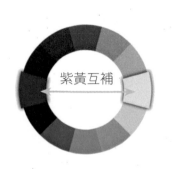

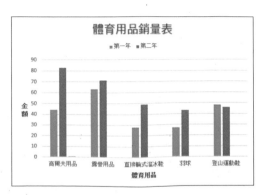

色彩選用的考量

每個人都會有自己偏好、喜歡的色,然而面對報表中各式視覺效果資料色彩的選擇,首先該考量的是什麼?

- **主題與內容**:若是一份產品的分析,那就要考量產品有什麼樣的特質,再為其選用合適的色彩。

- **公司代表色**:每個公司大都會有設計 LOGO 或代表色,在正確的項目上使用公司的代表色。

- **競爭對手的代表色**:如果採用相似的顏色可能會成為競爭對手的推廣者,而無法成功的強調出自己的報告內容。

- **文化差異**:例如白色在中國與西方文化中就有著不一樣的象徵,不同的產品與服務也會對特定的顏色有所忌諱。

- **色彩象徵意義**:例如 "男" 與 "女" 性客戶的分析中,一般都會用藍色代表 "男"、紅色代表 "女",如果將色彩代表色顛倒套用時,很容易影響識別度。

- **色彩連貫性**:如果在同一份報表中多個視覺效果內,同一個顏色代表的資料項目都不一樣,也很容易影響識別度。

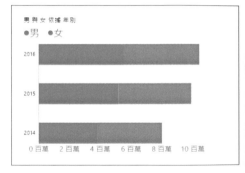

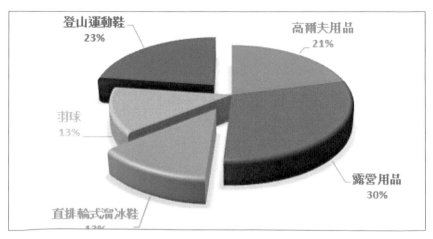

22 常見的圖表問題

圖表做好不容易，但是要讓圖表不犯錯更難！以下整理了圖表製作常見的問題，提醒你避免這些錯誤。

例 1：惠發食品行銷售業績

錯誤

問題1：整年度的銷售業績用圓形圖表現較不適合，無法直接看出整年份銷售的起伏。

問題2：圖表標題太過於籠統，沒有清楚的傳達出圖表主題。

問題3：當資料數列為八項以上時，建議套用折線圖來表現較為合適。

正確

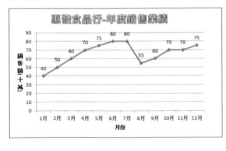

優點1：折線圖清楚的傳達出該公司整年度的銷售業績起伏。

優點2：圖表標題清楚且明確，文字格式經過設計，在圖表中更合適。

優點3：水平與垂直座標軸的標示讓圖表一目了然。

例 2：惠發食品市場佔有率

錯誤

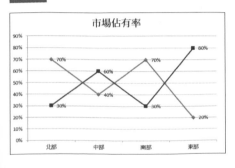

問題1：折線圖較不適合表現項目對比關係，無法清楚看出同一地區惠發食品行與其他公司的佔有率對比。

問題2：水平與垂直座標軸沒有加上文字標題，閱讀者無法明白所要表達的意思。

問題3：因為沒有標示圖例，所以會導致觀看圖表時無法有效分辨資訊。

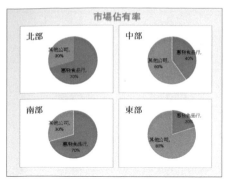

優點1：分別用四個圓形圖表示，佔有率對比一目了然，清楚的由圖表了解目前各地區佔有率的對比關係。

優點2：圓形圖中的資料標籤是一項重要設定，像 **類別名稱** 與 **值** 資料標籤的標示，讓圖表簡單易懂。

優點3：雖使用四個圓形圖表示，但公司行號的代表色彩要一致，才不會造成圖表閱讀上的困擾。

例3：惠發食品行近二年度價格、銷售量、利潤比對。

錯誤

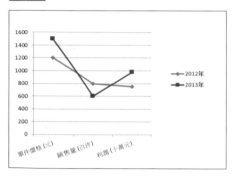

問題1：圖表沒有標題也沒有水平與垂直座標軸標題。

問題2：圖表繪圖區太小，水平座標軸文字呈傾斜擺放，令閱讀者不易觀看。

問題3：折線圖太細無法表現圖表主題 (每一個項目不同年度的起伏)。

正確

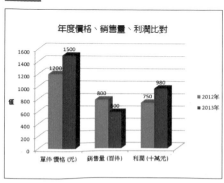

優點1：圖表標題與水平、垂直座標軸標題清楚且明確。

優點2：繪圖區較大，資料數列表現明顯，水平座標軸文字位於相對資料數列下方，較易閱讀。

優點3：長條圖清楚的傳達出每一項目不同年度的起伏關係。

23 直條圖-量化數據比較

直條圖是最常使用的圖表類型,主要用於表現不同項目之間的比較,或是一段時間內的資料變化。

使用時機:

1. 繪製一個或多個資料數列。

2. 資料包含正數、零和負數。

3. 針對許多類別的資料進行比較。

子類型圖表:

直條圖區分出的子類型有七種:

群組直條圖、 堆疊直條圖、 百分比堆疊直條圖、 立體群組直條圖、 立體堆疊直條圖、 立體百分比堆疊直條圖、 立體直條圖。

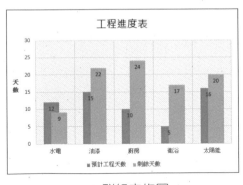

▲ 群組直條圖 　　　　　　　　　　　　▲ 堆疊直條圖

繪製注意事項:

1. 同一資料數列使用相同顏色。

2. 水平座標軸的標籤文字不要傾斜顯示。

3. 如果沒有格線時,可以透過顯示資料標籤讓瀏覽者很快辨識。

4. 遇到負數資料時,水平座標軸的標籤文字應移到圖表區底部。

24 折線圖-依時間變化顯示發展趨勢

折線圖以 "折線" 的方式顯示資料變化的趨勢，主要強調時間性與變化程度，可以藉此了解資料之間的差異性與未來走勢。

使用時機：

1. 顯示一段時間內的連續資料。

2. 顯示相等間隔或時間內資料的趨勢。

子類型圖表：

折線圖在區分出的子類型有七種：

折線圖、 堆疊折線圖、 百分比堆疊折線圖、 含有資料標記的折線圖、 含有資料標記的堆疊折線圖、 含有資料標記的百分比堆疊折線圖、 立體折線圖。

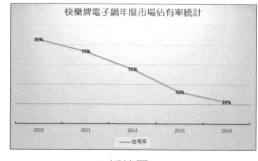

▲ 折線圖

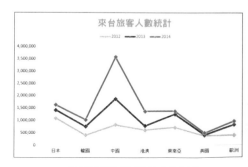

▲ 含有資料標記的折線圖

繪製注意事項：

1. 折線要比格線粗一些，才能突顯。

2. 避免折線過多造成圖表雜亂，如果太多可考慮分開建立。

3. 如果要強調折線的波度，可以將座標軸改以不是 0 的刻度開始。

4. 如果想要單純觀看資料趨勢，可以僅顯示折線不標示資料標籤。

圓形圖-強調個體佔總體比例關係

圓形圖強調總體與個體之間的關係，表現出各項目佔總體的百分比數值。

使用時機：

1. 僅能針對一個資料數列進行建立 (環圈圖可以包含多個數列)。
2. 資料數列均為正數不可以為 0 與負數。

子類型圖表：

圓形圖區分出的子類型有五種：

圓形圖、 子母圓形圖、 圓形圖帶有子橫條圖、 立體圓形圖、 環圈圖。

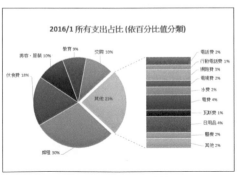

▲ 圓形圖帶有子橫條圖

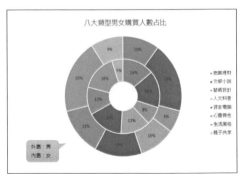

▲ 環圈圖

繪製注意事項：

1. 面對圓形圖，一般瀏覽的習慣會從 12 點鐘位置開始，以順時針方向開始檢視，所以重要的資料可以放在約 12 點鐘位置較為顯眼。
2. 資料項目不要太多，約 8 個，超出部分可以用 "其他" 表示 (如上左圖)。
3. 避免使用圖例，直接將資料標籤顯示於扇形內或旁邊。
4. 不要將圓形圖中的扇形全部分離，以強調方式僅分離其中一塊。
5. 當扇形填滿色彩時，可以套用白色框線以呈現出切割效果。

26 橫條圖-強調項目之間的比較情況

橫條圖其實可以當做是順時針旋轉 90 度的直條圖，適合用來強調一或多個資料數列中的分類項目與數值的比較狀況。

使用時機：

1. 繪製一個或多個資料數列。
2. 資料包含正數、零和負數。
3. 有許多的項目要比較。
4. 座標軸的文字標籤很長。

子類型圖表：

橫條圖區分出的子類型有六種：

群組橫條圖、 堆疊橫條圖、 百分比堆疊橫條圖、 立體群組橫條圖、 立體堆疊橫條圖、 立體百分比堆疊橫條圖。

▲ 群組橫條圖

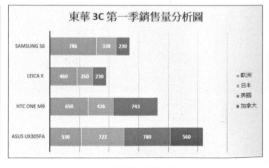

▲ 堆疊橫條圖

繪製注意事項：

1. 同一資料數列使用相同顏色。
2. 垂直座標軸的標籤文字不要傾斜顯示。
3. 如果沒有格線時，可以透過顯示資料標籤讓瀏覽者很快辨視。
4. 資料數列可以由 "大到小" 或 "小到大" 的從上而下排序，其中前者較常使用。

27 區域圖-一段時間內資料變化幅度

區域圖就像是折線圖的進階版，主要透過不同色彩表現線條下方的區域，又稱面積圖。除了可以清楚看到資料量的變化程度，還可以表現出整體與個別的關係。

使用時機：

1. 用以強調不同時間的變動程度。

2. 突顯總數值的趨勢。

3. 藉此表現部分與整體之間的關聯。

子類型圖表：

區域圖區分出的子類型有六種：

區域圖、 堆疊區域圖、 百分比堆疊區域圖、 立體區域圖、
立體堆疊區域圖、立體百分比堆疊區域圖。

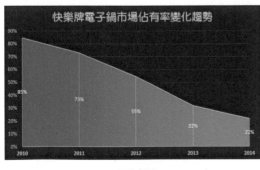

▲ 區域圖

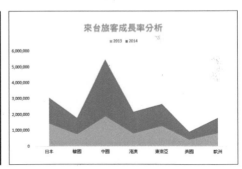

▲ 堆疊區域圖

繪製注意事項：

1. 數值較小的資料數列可能會在繪製過程中，有部分或全部的區域會被隱藏在數值較大的資料數列之後。

2. 只有一個資料數列時，其實區域圖會比折線圖看得更清楚。

3. 數量多變化少的資料通常會配置在下方。

28 XY散佈圖-顯示分佈與比較數值

XY 散佈圖是由二組數據結合成單一資料點,以 X 與 Y 座標值繪製,可快速看出二組資料數列間的關係,常用於科學、統計與工程資料的比較。

使用時機:

1. 在不考慮時間的情況下,比較大量資料點。

2. 顯示大型資料的相關走向。

子類型圖表:

XY 散佈圖區分出的子類型有七種:

散佈圖、 帶有平滑線及資料標記的 **XY** 散佈圖、 帶有平滑線的 **XY** 散佈圖、 帶有直線及資料標記的 **XY** 散佈圖、 帶有直線的 **XY** 散佈圖、 泡泡圖、 立體泡泡圖。

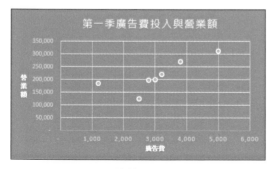

▲ 散佈圖　　　　　　　　　　　　　▲ 立體泡泡圖

繪製注意事項:

1. XY 散佈圖至少需要兩欄 (或列) 資料才能繪製單一資料數列的數值。

2. XY 散佈圖的水平軸是數值座標軸,僅可以顯示數值或代表數值的日期值 (日數或時數)。

3. 繪製散佈圖的數據必須為對應的 X 與 Y,通常垂直座標軸 (Y) 代表結果,水平座標軸 (X) 代表原因。

4. 泡泡圖類似散佈圖,只是它以泡泡來繪製資料。每個資料數列傳遞比較值 (xy) 與大小值 (z) 之間的關係,而大小值決定泡泡大小。

用圖表呈現大數據

枯燥難懂的文字與數字，只要透過 Excel 多款不同類型的圖表，就能讓瀏覽者容易了解數據背後的資訊，快速掌握資料的內容與決策方向。

29 將資料數據化身為圖表

圖表應用千變萬化，在製作前除了需要一份作為來源資料的活頁簿，傳統的作法是先想想這份資料適合哪種類型的圖表再開始建立，然而現在透過 Excel 所建議的圖表清單就可以迅速挑選出適合的圖表類型並建立。

Step 1 選取資料來源

建立圖表的第一個動作必須先選取資料來源：

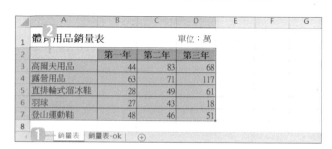

1 選按存放資料內容的工作表。

2 選取製作圖表的資料來源範圍 A2:D7 儲存格。

Step 2 選擇合適的圖表類型

建立圖表的方式有很多種，如果你了解這份資料必須透過哪種圖表才能呈現裡面的重點，可以直接於 插入 索引標籤 圖表 區域選按該圖表類型開始建立。

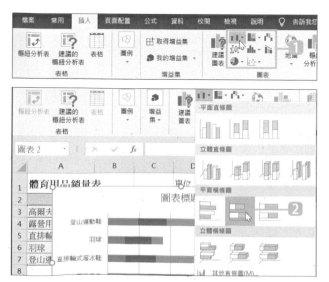

1 於 插入 索引標籤 圖表 區域選按合適的圖表類型鈕。

2 接著挑選該圖表類型的樣式：將滑鼠指標移至樣式縮圖上方會出現預覽圖表，選按要建立的樣式縮圖，建立圖表。

若不了解哪個圖表類型最適合目前的資料內容時，可於 **插入** 索引標籤選按 **建議圖表**，Excel 即會自動分析資料，並判斷出合適的圖表類型。

1. 於 **插入** 索引標籤選按 **建議圖表** 開啟對話方塊。

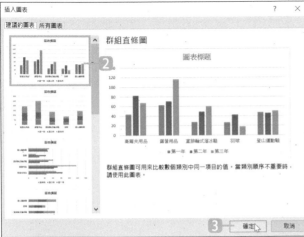

2. 於 **建議的圖表** 標籤中選擇一合適的圖表樣式。

3. 按 **確定** 鈕，將圖表建立於工作表中。

Step 3 **調整圖表擺放於工作表中的位置**

剛建立好的圖表有可能會重疊在資料內容上方，只要將滑鼠指標移至圖表上方呈 狀時拖曳，即可將圖表移至工作表中合適的位置擺放。

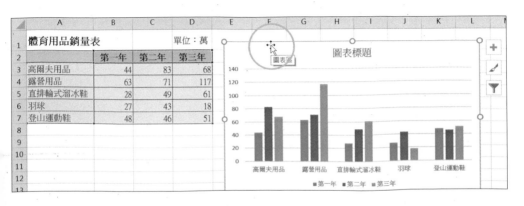

30 認識圖表的組成元素

了解圖表的組成元素名稱後，才能針對各元素區塊設定字型、顏色、線條....等。以直條圖為例說明圖表各項組成元素：

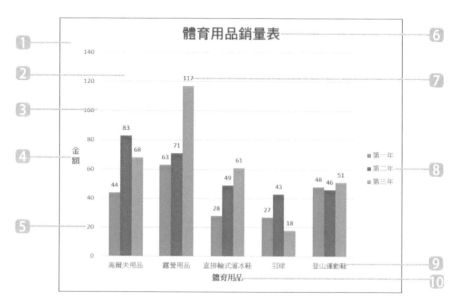

1 **圖表區**：包含圖表標題、繪圖區及其他的圖表元素。

2 **繪圖區**：由 座標軸、資料數列、圖例...等組成。

3 **格線**：資料數列後方的線條，方便瀏覽者 閱讀與檢視數據。

4 **垂直座標軸標題**：座標軸名稱。

5 **垂直座標軸**：以刻度數值顯示。

6 **圖表標題**：圖表名稱。

7 **資料標籤**：顯示該資料數列的數值。

8 **圖例**：透過圖案或顏色說明所代表相關的資料數列。

9 **水平座標軸**：利用文字或數值顯示項目。

10 **水平座標軸標題**：座標軸名稱。

31 調整圖表位置與寬高

圖表建立後為了編輯方便及符合資料需求，可適當調整位置與大小。

Step 1 手動調整圖表位置與大小

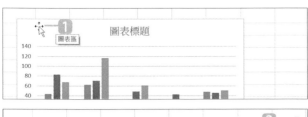

1 將滑鼠指標移至圖表上 (空白處) 呈 ⤢ 狀時，按住滑鼠左鍵不放，可拖曳圖表至適當的位置。

2 選取圖表後，將滑鼠指標移至圖表四個角落控點上呈 ⤡ 狀時，按住滑鼠左鍵不放，可拖曳調整圖表的大小。

Step 2 以精確的數值調整圖表大小

1 選取圖表。

2 於 圖表工具 \ 格式 索引標籤中輸入 圖案高度 與 圖案寬度 的值 (公分)。

❸ 用圖表呈現大數據

32 圖表標題文字設計

建立圖表後，會於上方顯示預設的 "圖表標題" 文字，這時候可以依照圖表資訊，調整文字的內容與樣式。

Step 1 利用資料編輯列編修文字

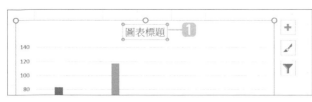

1 選取圖表標題。

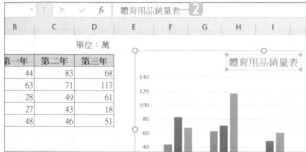

2 於 **資料編輯列** 輸入合適的圖表標題文字：「體育用品銷量表」，按 Enter 鍵完成輸入。

Step 2 搭配功能區設定字型格式

1 在選取圖表標題的狀態下，選按 **常用** 索引標籤。

2 於 **字型** 區域即可為圖表標題設定合適的字型、大小、顏色...等格式。

圖表標題除了可以藉由功能區修改格式,還可以透過圖表右側的 **⊞** **圖表項目** 鈕設定格式。

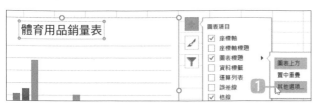

1️⃣ 在選取圖表標題狀態下,選按 **⊞** **圖表項目** 鈕 \ **圖表標題** 右側 ▶ 清單鈕 \ **其他選項**。

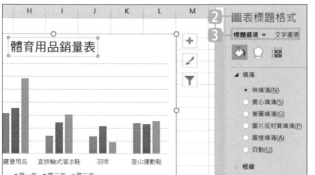

2️⃣ 開啟右側 **圖表標題格式** 窗格。

3️⃣ 提供 **標題選項** 與 **文字選項**,前者以填滿、框線、效果、大小或位置為設定方向;後者則是文字本身的色彩、外框、效果或文字方塊為設定方向。

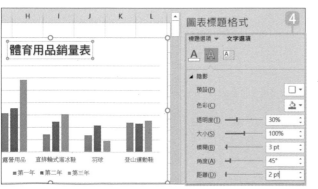

4️⃣ 在選取圖表標題狀態下,於 **文字選項** \ 🅰 項目中,可設定合適陰影效果。

❸ 用圖表呈現大數據

TIPS

隱藏圖表標題

如果想要取消圖表標題的顯示,可以在選取圖表標題狀態下,選按 **⊞** **圖表項目** 鈕,取消核選 **圖表標題**。(再選按 **⊞** **圖表項目** 鈕即可隱藏設定清單)

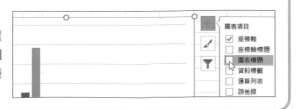

33 以座標軸標題文字標示圖表內容

顯示座標軸標題文字，可讓瀏覽者了解圖表中水平與垂直座標軸所要表達的重點，同樣可以調整文字的內容與樣式。

Step 1 顯示水平與垂直座標軸標題

可以根據需求，個別顯示圖表的水平或垂直座標軸標題，或是全部顯示。

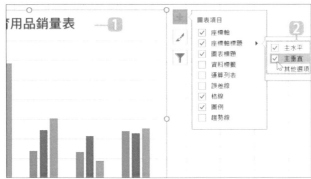

1. 選取圖表。

2. 選按 ⊞ **圖表項目** 鈕 \ **座標軸標題** 右側 ▶ 清單鈕，分別核選 **主水平**、**主垂直**。(也可以核選 **座標軸標題** 同時顯示水平與垂直的座標軸標題) (再選按 ⊞ **圖表項目** 鈕隱藏設定清單)

3. 圖表左側與下方會新增預設的 "座標軸標題" 文字。

Step 2 更改水平與垂直座標軸文字

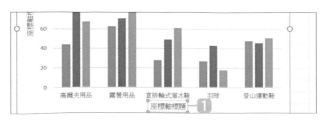

1. 選取圖表下方的水平座標軸標題文字。

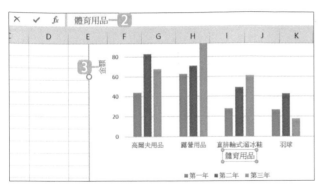

2 於 **資料編輯列** 輸入「體育用品」，按 **Enter** 鍵完成輸入。

3 依照水平座標軸標題的操作方式，將垂直座標軸標題修改為：「金額」。

Step 3 設定字型格式

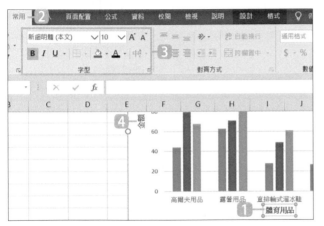

1 選取水平座標軸標題。

2 選按 **常用** 索引標籤。

3 於 **字型** 區域即可為圖表標題設定合適的字型、大小、顏色...等格式。

4 依照水平座標軸標題的操作方式，完成垂直座標軸標題的格式設定。

TIPS

利用圖表項目鈕為座標軸標題設定格式

座標軸標題除了可以藉由功能區修改格式，一樣也可以選按圖表右側的 ➕ **圖表項目** 鈕 \ **座標軸標題** 右側 ▶ 清單鈕 \ **其他選項**，透過右側 **座標軸標題格式** 窗格快速達到格式的設定。

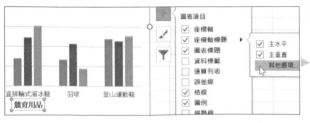

34 讓長名稱座標軸文字更好閱讀

圖表中水平座標軸的項目名稱，可能因為一個或數個文字過長而無法完全顯示，這時可以透過傾斜或換行的動作，讓座標軸完整呈現。

Step 1 透過傾斜方式完整顯示座標軸文字

文字在 **水平** 方向，可以自訂角度控制傾斜的狀況，但以專業圖表的角度來看，傾斜的文字會讓瀏覽者歪著頭看，所以還是應該盡量避免。

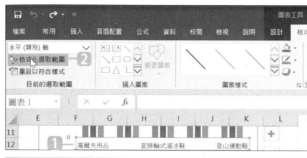

1 選取水平座標軸。

2 於 **圖表工具 \ 格式** 索引標籤選按 **格式化選取範圍** 開啟 **座標軸格式** 窗格。

3 選按 **文字選項**。

4 於 項目中，確定 **文字方向** 為 **水平**，設定 **自訂角度** 的值。

Step 2 透過換行方式完整顯示座標軸文字

如果設定角度的動作還是無法完整顯示座標軸中過長的文字時，可以透過換行動作調整。

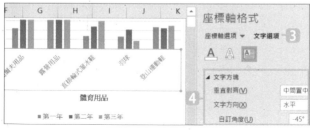

1 將插入點移到欲分行的項目名稱之中。

2 先按 `Alt` + `Enter` 鍵，再按一次 `Enter` 鍵，即可將該項目名稱分成二行。

35 隱藏/顯示座標軸

隱藏座標軸上的資料，強調圖表主要資訊的呈現。

Step 1 隱藏水平或垂直座標軸

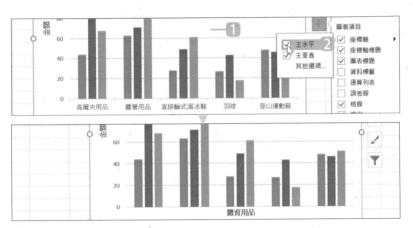

1 選取圖表。

2 選按 ⊞ **圖表項目** 鈕 \ **座標軸** 右側 ▶ 清單鈕，取消核選 **主水平** 或 **主垂直**。(如果取消核選 **座標軸** 則是同時隱藏水平與垂直座標軸) (再選按 ⊞ **圖表項目** 鈕隱藏設定清單)

Step 2 顯示水平或垂直座標軸

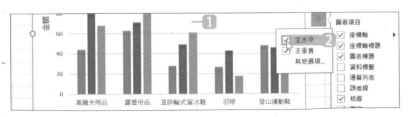

1 選取圖表。

2 選按 ⊞ **圖表項目** 鈕 \ **座標軸** 右側 ▶ 清單鈕，核選 **主水平** 或 **主垂直**。(如果核選 **座標軸** 則是同時顯示水平與垂直座標軸) (再選按 ⊞ **圖表項目** 鈕隱藏設定清單)

36 變更座標軸標題的文字方向

如果想要調整座標軸標題的文字方向時，可以透過以下二個設定方式。

Step 1 透過功能區變更文字方向

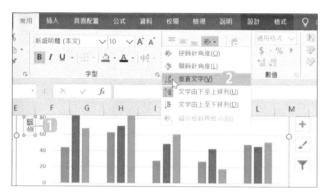

1 選取座標題軸標題。

2 於 **常用** 索引標籤選按 ⬛ 方向，透過清單中提供的設定，調整文字方向。

Step 2 透過窗格變更文字方向與自訂角度

除了 **常用** 索引標籤，透過右側窗格一樣可以調整文字方向，另外還可以自訂角度。

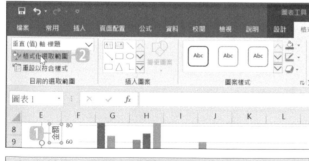

1 選取座標題軸標題。

2 於 **圖表工具 \ 格式** 索引標籤選按 **格式化選取範圍** 開啟 **座標軸標題格式** 窗格。

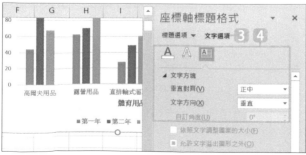

3 選按 **文字選項**。

4 選按 ⬛，下方不但提供 **垂直對齊** 與 **文字方向** 設定，當文字為 **水平** 方向時，還可以自訂角度。

37 顯示座標軸刻度單位

圖表中的垂直座標軸，如果遇到數字較多時，往往還要 "個、十、百、仟..." 的一位位計算，更可能因為眼花而看錯位數，這時透過單位的顯示，可以簡化數字長度。

Step 1 開啟座標軸格式窗格

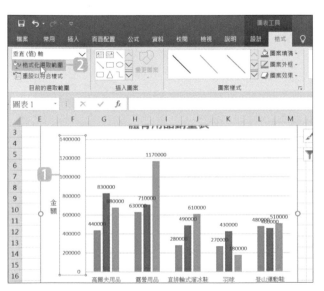

1️⃣ 選取垂直座標軸數值。

2️⃣ 於 **圖表工具 \ 格式** 索引標籤選按 **格式化選取範圍** 開啟 **座標軸格式** 窗格。

Step 2 設定座標軸顯示單位為萬

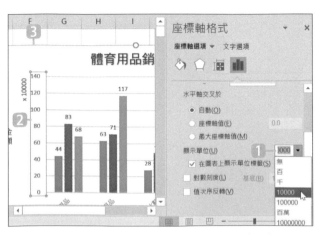

1️⃣ 於 📊 中，透過捲軸往下拖曳，設定 **顯示單位：10000**。

2️⃣ 圖表上會發現原本一長串的數字，縮減成以 "×10000" 為單位的顯示方式。

3️⃣ 最後適當調整圖表寬度。

38 調整座標軸刻度最大值與最小值

圖表中垂直座標軸的數值範圍如果設的太寬，就無法看出資料數列的變化。這時只要降低刻度最大值與提高刻度最小值，就可以加強圖表變化的程度。

Step 1 開啟座標軸格式窗格

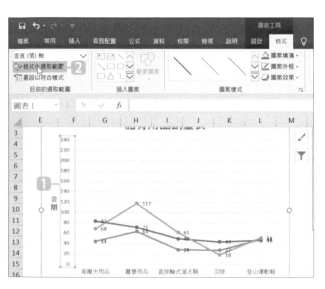

1 選取垂直座標軸數值。

2 於 **圖表工具 \ 格式** 索引標籤選按 **格式化選取範圍** 開啟 **座標軸格式** 窗格。

Step 2 修改垂直座標軸數值的範圍最小值與最大值

將垂直座標軸數值的範圍最小值改為 150000，最大值改為 1350000，讓圖表變化更加明顯。

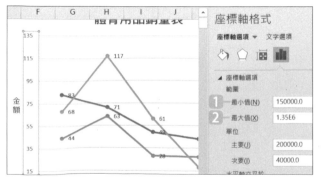

1 於 📊 \ 座標軸選項 \ 範圍 項目中，將 **最小值** 由「0」改為「150000」後，按 **Enter** 鍵。

2 **最大值** 由「2400000」改為「1350000」後，按 **Enter** 鍵。(較大數字會以科學記號型式顯示)

39 調整座標軸主要、次要刻度間距

圖表中垂直座標軸的數值間距如果設的太寬，資料數列上又沒標註數值，很容易令瀏覽者無法確認正確的值。這時可以透過縮小刻度主要與次要單位，讓圖表即使在沒有資料標籤的輔助下，也可以大致目測出數值。

Step 1 開啟座標軸格式窗格

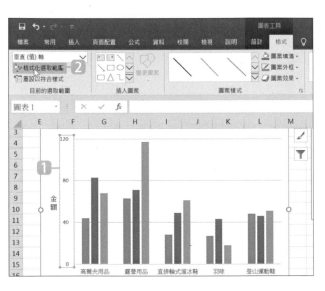

1. 選取垂直座標軸數值。

2. 於 **圖表工具 \ 格式** 索引標籤選按 **格式化選取範圍** 開啟 **座標軸格式** 窗格。

Step 2 修改垂直軸座標軸數值的主要與次要刻度間距

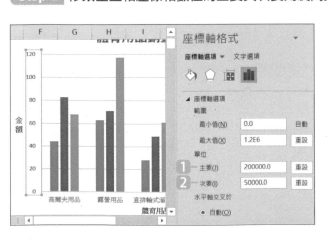

1. 於 **⊞ \ 座標軸選項 \ 單位** 項目中，將 **主要** 由「400000」改為「200000」後，按 **Enter** 鍵。

2. 接著將 **次要** 由「80000」改為「50000」後，按 **Enter** 鍵。

40 調整圖例位置

建立圖表時，預設會產生相關圖例，有助於辨識資料在圖表中所呈現的顏色或形狀，你可以依照需求調整擺放的位置。

Step 1 利用圖表項目鈕設定圖例位置

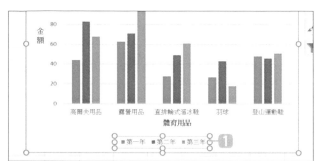

1 選取圖例。

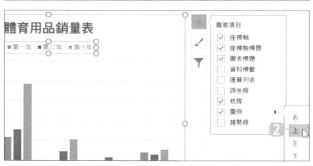

2 選按 ⊞ 圖表項目 鈕 \ 圖例 右側 ▶ 清單鈕，選按欲擺放的位置即可。(再選按 ⊞ 圖表項目 鈕隱藏設定清單)

Step 2 透過窗格設定圖例位置

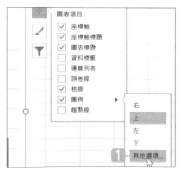

1 在選取圖例狀態下，選按 ⊞ 圖表項目 鈕 \ 圖例 右側 ▶ 清單鈕 \ 其他選項。

2 開啟右側 圖例格式 窗格，透過核選調整圖例位置，另有 右上 及 圖例顯示位置不與圖表重疊 項目可供選擇。

41 套用圖表樣式與色彩

建立圖表後，可套用 Excel 提供的各式圖表樣式與多組色彩，不需要逐一設定即可快速變更圖表版面與外觀。

Step 1 變更圖表樣式

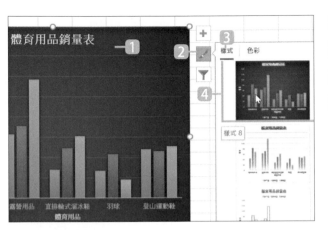

1. 選取圖表。
2. 選按 ✐ **圖表樣式** 鈕。
3. 清單中選按 **樣式** 標籤。
4. 清單中提供 14 種圖表樣式，將滑鼠指標移到圖表樣式上即可預覽套用的效果，選按適合的樣式即可套用。

Step 2 變更圖表色彩

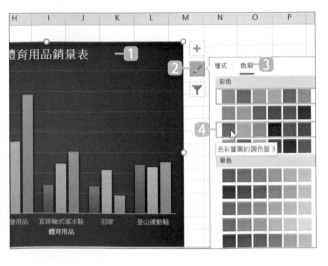

1. 選取圖表。
2. 選按 ✐ **圖表樣式** 鈕。
3. 清單中選按 **色彩** 標籤。
4. 清單中分為 **彩色** 與 **單色** 二類，將滑鼠指標移到色彩組合上即可預覽套用的效果，選按合適組合即可套用。(再選按 ✐ **圖表樣式** 鈕可隱藏設定清單)

變更圖表的資料來源

已建立的圖表中可能需要新增或刪除圖表資料來源的範圍，以下介紹三種變更資料來源的方法：

利用拖曳方式改變資料範圍

範例要新增另外一項體育用品 "籃球" 的銷量資料，可透過拖曳的方法，改變資料範圍。

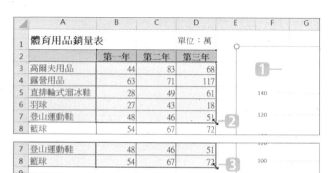

1 選取圖表。

2 從資料內容可以看到相關的選取範圍。將滑鼠指標移到欲拖曳的範圍控點上 (此範例為 D7 儲存格右下角控點)，呈 ↖ 狀。

3 按住滑鼠左鍵不放往下拖曳到 D8 儲存格。

4 此時圖表根據變更的資料範圍，調整顯示的內容。

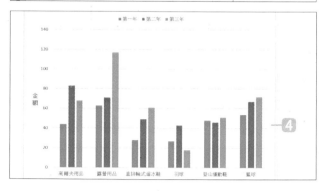

透過對話方塊改變資料範圍

第二個方法是藉由功能表中 **選取資料** 功能，開啟對話方塊調整。

1 選取圖表後，於 **圖表工具\ 設計** 索引標籤選按 **選取資料**。

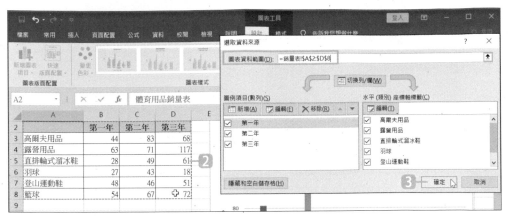

2 在開啟 **選取資料來源** 對話方塊的狀態下，於工作表重新選取資料內容來源範圍 A2:D8 儲存格。

3 回到對話方塊即看到 **圖表資料範圍** 項目已修改，按 **確定** 鈕。

Step 3 **利用複製與貼上功能改變資料範圍**

第三個方法則是直接複製新增的資料內容，在圖表上透過貼上功能，完成資料的新增。

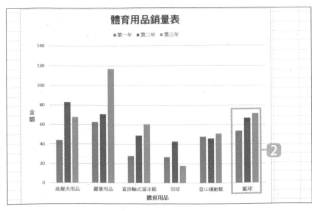

1 於資料內容拖曳選取新增的儲存格範圍 (此範例為 A8:D8 儲存格)，然後按 **Ctrl** + **C** 鍵複製。

2 選取圖表後，按 **Ctrl** + **V** 鍵貼上，剛才複製的資料內容立即新增到圖表內。

43 變更圖表類型

已建立好的圖表，若因來源資料變動希望套用其他圖表類型，不需重新製作，只要指定要變更的圖表類型即可。

Step 1 開啟變更圖表類型對話方塊

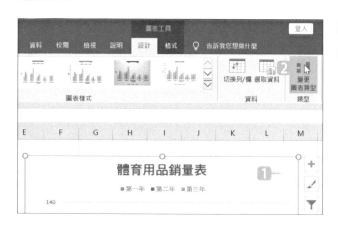

1 選取圖表。

2 於 圖表工具 \ 設計 索引標籤選按 變更圖表類型 開啟對話方塊。

Step 2 選擇想要變更的圖表類型

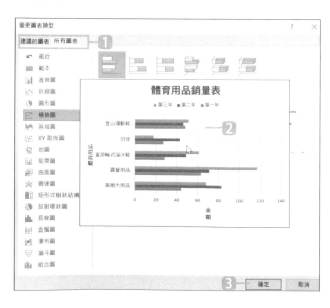

1 提供 建議的圖表 與 所有圖表 二類選擇清單，Excel 一方面會對資料分析與判斷，找出合適的圖表類型；另一方面則是列出圖表類型的所有選擇。

2 如果將滑鼠指標移到圖表的預覽圖時，會看到放大的畫面。

3 確認變更的圖表類型後，按 確定 鈕，最後再調整一下各個圖表元素。

44 對調圖表欄列資料

圖表中的欄列資料對調後，可發現圖表有不一樣的呈現方式。

Step 1 切換欄列資料

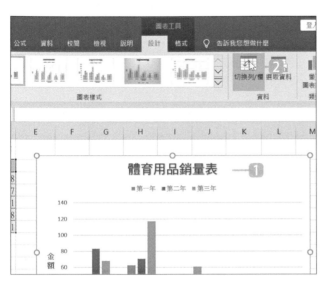

1 選取圖表。

2 於 **圖表工具 \ 設計** 索引標籤選按 **切換列/欄**。

Step 2 更改座標軸標題文字

圖表中的水平軸，從原本的體育用品改為年度的資訊顯示，這時可再根據變動後的圖表調整座標軸的標題文字。

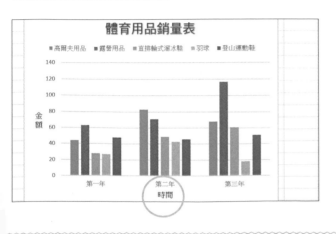

新增與調整圖表格線

藉由格線的輔助，有助於檢視圖表資料與計算數據，還能夠自訂線條的色彩、寬度...等格式。

選擇想要顯示的格線項目

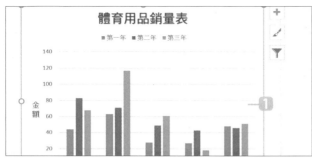

1 選取圖表。

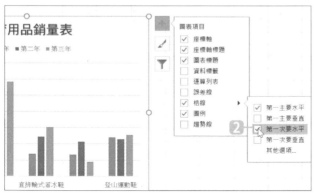

2 選按 ⊞ **圖表項目** 鈕 \ **格線** 右側 ▸ 清單鈕，除了預設核選的 **第一主要水平** 項目，還可以根據圖表的內容，核選需要顯示的格線項目。

TIPS

隱藏圖表格線

如果不想要被格線干擾，可以在選取圖表狀態下，選按 ⊞ **圖表項目** 鈕，直接取消核選 **格線** 隱藏格線。

Step 2　設定主要格線格式

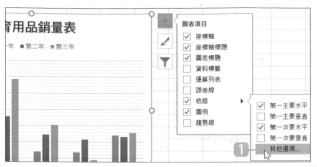

1　在設定清單顯示的狀態下，選按 **其他選項**。

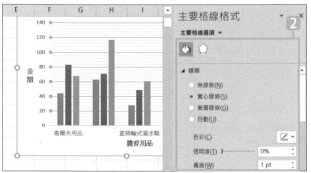

2　在 **主要格線格式** 窗格中提供 填滿與線條、效果 二個設定項目，可以依照需求，調整主要格線的線條、色彩、寬度...等格式。

Step 3　設定次要格線格式

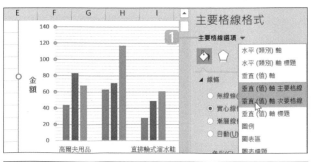

1　如果要切換到次要格線設定時，只要於窗格上方選按 **主要格線選項** 右側 ▼ \ **垂直 (數值) 軸 次要格線**。

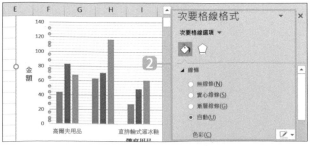

2　這時即可設定次要格線的格式。

46 設計圖表背景

圖表建立好，美化的動作一定少不了，如果不希望背景只是單調的白色，可以藉由以下方式填滿顏色、圖片或材質...等，並可以加上陰影、光暈或柔邊...等效果。

Step 1 選擇背景要填滿的色彩或其他設計

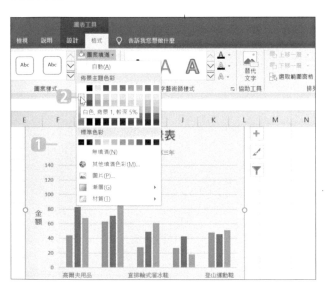

1 選取圖表。

2 於 **圖表工具 \ 格式** 索引標籤選按 **圖案填滿**，清單中提供佈景主題色彩、圖片、漸層、材質...等效果，選擇一個合適的套用。

Step 2 選擇背景要套用的視覺效果

1 選取圖表。

2 於 **圖表工具 \ 格式** 索引標籤選按 **圖案效果**，清單中提供陰影、光暈、柔邊...等效果，選擇一個合適的套用。

47 圖表背景的透明度

在圖表中插入一張圖片當做背景時,卻發現花花綠綠的內容反而影響了圖表觀看的效果,這時候可以藉由提高圖片的透明度,淡化背景圖片。

Step 1 開啟圖表區格式窗格

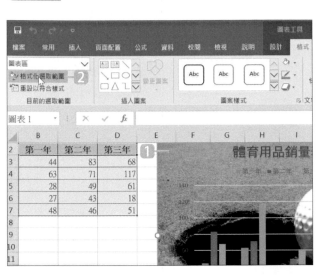

1. 選取圖表。

2. 於 **圖表工具 \ 格式** 索引標籤選按 **格式化選取範圍** 開啟 **圖表區格式** 窗格。

Step 2 設定背景圖片透明度

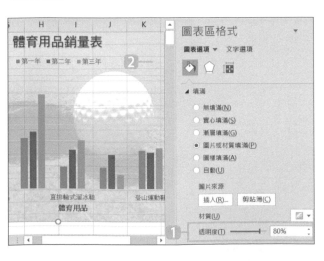

1. 於 🖌️ **\ 填滿** 項目中,透過滑桿或輸入值設定 **透明度**。

2. 圖表的背景圖片淡化呈現半透明狀態。

③ 用圖表呈現大數據

圖表建立時，預設即會套上框線，如果想要更改框線的樣式，像是寬度、色彩...或是設定為圓角，甚至想要移除框線，都可以參考以下方式設定。

Step 1 開啟圖表區格式窗格

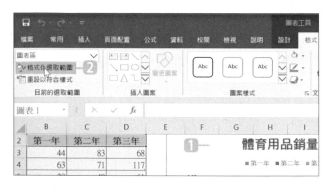

1️⃣ 選取圖表。

2️⃣ 於 **圖表工具 \ 格式** 索引標籤選按 **格式化選取範圍** 開啟 **圖表區格式** 窗格。

Step 2 修改框線樣式與設定為圓角

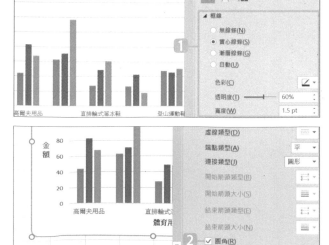

1️⃣ 於 🎨 \ **框線** 項目中，提供了色彩、透明度、寬度...等設定，依照需求調整出一個合適的樣式。(如果想要移除框線只要核選 **無線條**)

2️⃣ 將捲軸往下拖曳，核選 **圓角**，會將原本直角矩形的框線以圓角表現。

49 在圖表資料數列上顯示資料標籤

透過圖表雖然可以看到資料數列間的差異，不過往往必須對照一旁的資料才能確實看出數據值。其實只要於資料數列上加上資料標籤，就能讓圖表更容易理解。

Step 1 顯示資料標籤

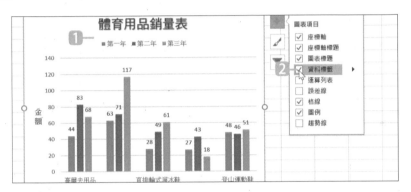

1 選取圖表。

2 選按 ⊞ **圖表項目** 鈕，核選 **資料標籤**。

Step 2 調整資料標籤的顯示位置

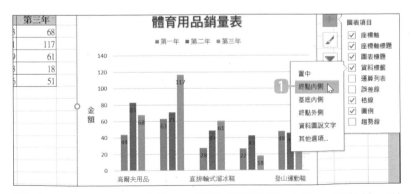

1 在設定清單顯示的狀態下，選按 **資料標籤** 右側 ▶ 清單鈕，利用清單中提供的項目調整資料標籤的位置。(再選按 ⊞ **圖表項目** 鈕隱藏設定清單)

50 變更資料標籤的類別與格式

資料數列上的資料標籤除了可以調整位置，還可以變更顏色或顯示內容。

Step 1　開啟資料標籤格式窗格

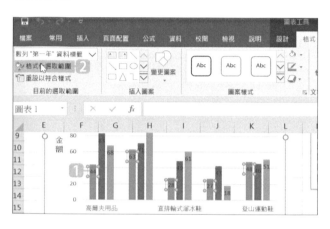

1. 選取圖表中的資料標籤。

2. 於 **圖表工具 \ 格式** 索引標籤選按 **格式化選取範圍** 開啟 **資料標籤格式** 窗格。

Step 2　修改資料標籤顯示的內容與位置

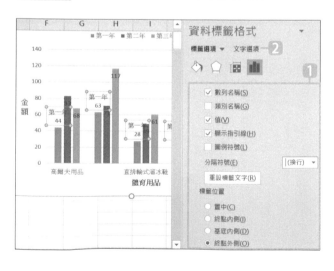

1. 在 📊 \ **標籤選項** 項目中，可以核選欲顯示 **數列名稱、類別名稱**...等，或是調整 **分隔符號、標籤位置**...等設定。

2. 也可以選按 **文字選項**，設定資料標籤的顏色、效果...等格式。

Step 3　選取其他資料標籤設定

其他數列的資料標籤，一樣可以分別選取進行格式調整。

51 指定個別資料數列的色彩

圖表除了可以變更整體的樣式或色彩，也可以只改變某一欄資料的樣式。

Step 1 快速套用圖案樣式

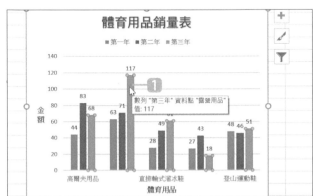

1 在想單獨調整的資料數列上，按一下滑鼠左鍵選取。

(再按一下滑鼠左鍵，則是只選取該筆資料。)

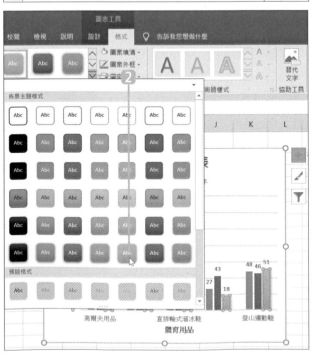

2 於 **圖表工具 \ 格式** 索引標籤中，可以透過 **圖案填滿**、**圖案外框** 與 **圖案效果** 自訂格式。

但如果不想花太多時間思考，也可以直接選按 **圖案樣式-其他** 清單鈕，套用 Excel 設計好的配色，既快速又好看。

利用資料數列格式窗格完成調整

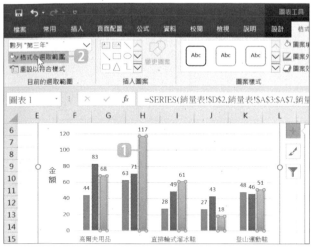

1. 選取要個別調整的資料數列做為調整對象。

2. 於 圖表工具 \ 格式 索引標籤選按 格式化選取範圍 開啟 資料數列格式 窗格。

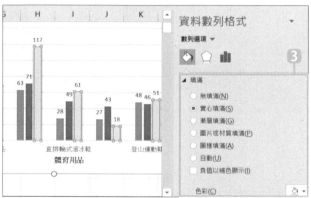

3. 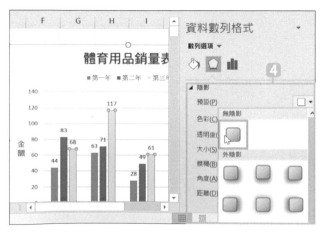 填滿與線條 可以針對 填滿 與 框線 調整。

4. 效果 可以針對 陰影、光暈、柔邊 與 立體格式 調整。

52 用圖片替代資料數列的色彩

圖表中的資料數列除了可以透過色彩設計，也可以依照圖表的主題，選擇更切合的
圖片取代色彩，讓圖表資料有更直覺的表現。

Step 1 開啟資料數列格式窗格

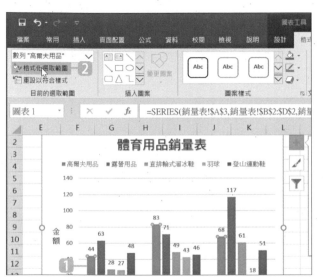

1 選取圖表中的資料數列。

2 於 **圖表工具 \ 格式** 索引標
籤選按 **格式化選取範圍** 開
啟 **資料數列格式** 窗格。

Step 2 選擇要套用的圖片

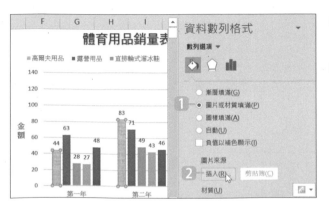

1 於 🖌 \ **填滿** 項目中，核選
圖片或材質填滿。

2 於 **圖片來源** 選按 **插入**。

3 在開啟的 **插入圖片** 視窗中，透過 **從檔案**、**線上圖片**、**從圖示**，選擇使用電腦內儲存的圖片、網路上搜尋或軟體提供的圖示 (這裡選按 **線上圖片**)。

4 輸入搜尋關鍵字後按 Enter 鍵。

5 一開始會搜尋到 Creative Commons 所授權的圖片，完成圖片選取後按 **插入** 鈕。(圖片使用請遵守智慧財產的規範，確保合法授權。)

Step 3 改變圖片顯示的方式

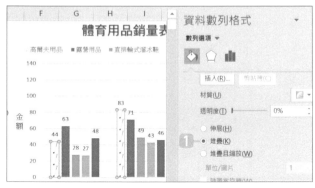

1 窗格中核選 **堆疊**，讓圖片呈現一個個堆上去的效果。

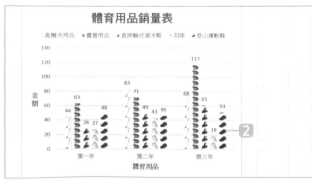

2 依照相同的操作方式，為其他的資料數列換上相關圖片。

70

53 負值資料數列以其他色彩顯示

運用直條圖或橫條圖表現資料時，有可能會遇到負值的狀況，而預設的資料數列，不管正負會以相同顏色顯示。如果想要區隔出正、負值資料數列，可以透過以下方式調整。

Step 1 開啟資料數列格式窗格

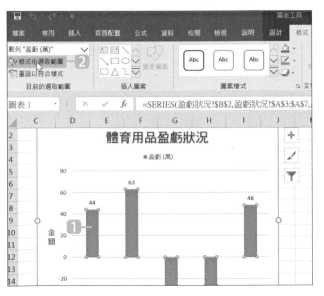

1 選取圖表中的資料數列。

2 於 **圖表工具 \ 格式** 索引標籤選按 **格式化選取範圍** 開啟 **資料數列格式** 窗格。

Step 2 利用補色顯示負值

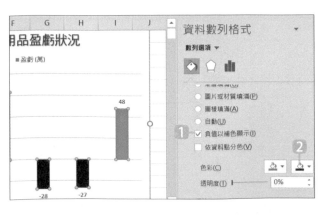

1 於 🎨 \ **填滿** 項目中，核選 **負值以補色顯示**。

2 於 **色彩** 第二個 **反轉的填滿色彩** 項目中，選擇負值欲套用的顏色。

54 套用圖表的快速版面配置

若沒有太多時間自行設計圖表，可利用 **版面配置** 功能立即變更圖表外觀，讓你快速套用版面配置至預設圖表中。

Step 1 選擇要套用的版面配置

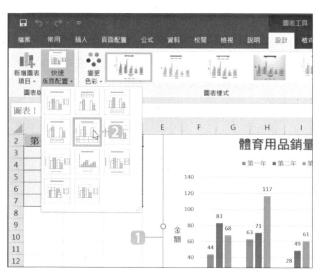

1 選取圖表。

2 於 **圖表工具 \ 設計** 索引標籤選按 **快速版面配置**，清單中提供了十一種不同的版面配置，可選擇合適的版面套用。

Step 2 圖表版面配置快速變更

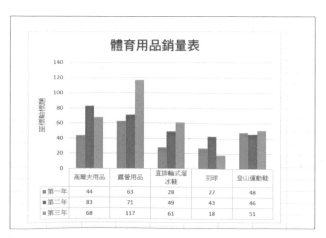

◀ 圖表隨即快速套用指定版面，迅速得到所要的圖表外觀。

複製或移動圖表至其他工作表

為了方便單獨檢閱圖表，可以將圖表複製或搬移到其他工作表中。

Step 1 **複製圖表**

透過複製功能移動圖表時，原圖表會保留在原先的位置，在另一個工作表產生相同圖表。

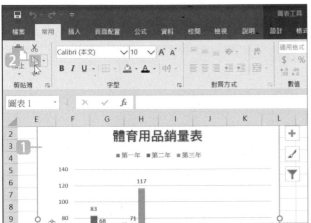

1 選取圖表。

2 於 **常用** 索引標籤選按 **複製** 動作。

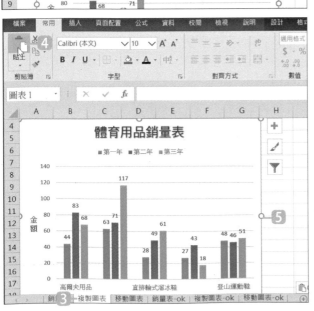

3 選按存放圖表的工作表，在要放置圖表的儲存格上按一下。

4 於 **常用** 索引標籤選按 **貼上** 動作。

5 可看到剛剛複製的圖表。

移動圖表

透過 **移動圖表** 功能，會將原圖表搬移到新的工作表或既有工作表中。

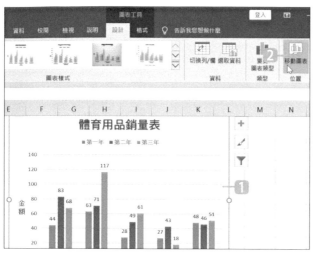

1 選取圖表。

2 於 **圖表工具 \ 設計** 索引標籤選按 **移動圖表** 開啟對話方塊。

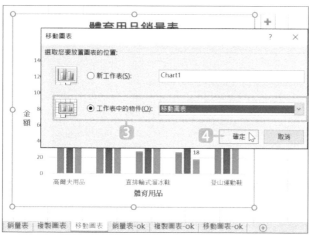

3 核選 **工作表中的物件**，並指定到已建立的工作表。

4 按 **確定** 鈕，即可將圖表搬移到指定的工作表中。

TIPS

移動圖表到新工作表

移動圖表時，如果活頁簿裡沒有合適的工作表，可以核選 **新工作表** 項目，Excel 會自動新增一工作表，將圖表移入並放大至整個工作表。但這樣的移動方式在完成搬移後，圖表將無法再移動位置或縮放大小。

56 將圖表從平面變立體

平面類型的圖表如果不足以表現所要的質感，可以利用 **變更圖表類型** 功能，製作出立體類形的圖表。

Step 1 開啟變更圖表類型對話方塊

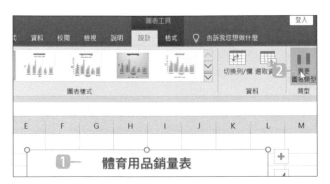

1. 選取圖表。

2. 於 **圖表工具 \ 設計** 索引標籤選按 **變更圖表類型** 開啟對話方塊。

Step 2 選擇想要套用的立體圖表類型

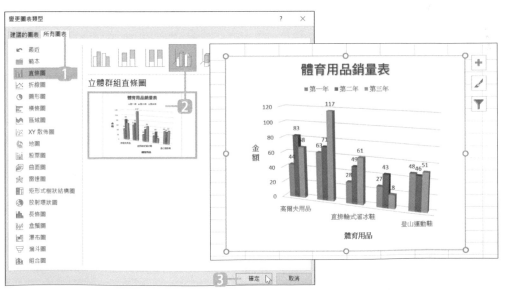

1. 於 **所有圖表** 索引標籤中選按想要的圖表類型。

2. 右側即可以選擇想要呈現的立體樣式套用。

3. 最後按 **確定** 鈕，原本平面圖表會變更為立體圖表。

57 變更立體圖表的角度或透視效果

調整立體圖表的左右旋轉角度、透視程度以及遠近景深，以強化圖表的視覺張力。

Step 1 開啟圖表區格式窗格

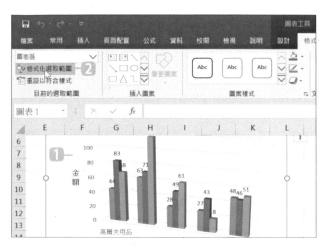

1. 選取圖表。

2. 於 **圖表工具 \ 格式** 索引標籤選按 **格式化選取範圍** 開啟 **圖表區格式** 窗格。

Step 2 設定立體圖表的深度與旋轉角度

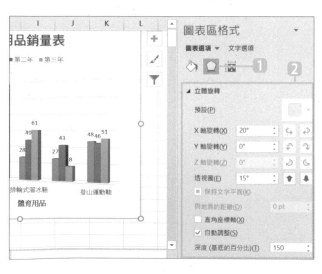

1. 選按 ⬠ 效果。

2. 於 **立體旋轉** 項目中，提供設定 **X** 或 **Y** 軸的旋轉角度，另有 **透視圖**、**深度**...等調整選項，依需求適度旋轉圖表的整體角度。

58 為圖表加上趨勢線

在圖表上畫出趨勢線可以更了解資料的走勢,以下說明如何產生趨勢線及修改格式。

Step 1 為資料選取合適的趨勢線類型

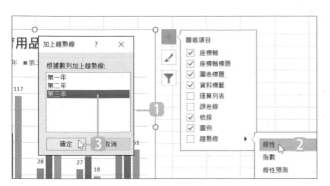

1. 選取圖表。

2. 選按 ⊞ **圖表項目** 鈕 \ **趨勢線** 右側 ▶ 清單鈕,清單中選按符合資料的趨勢線類型。

3. 在 **加上趨勢線** 對話方塊中選擇需要加上趨勢線的數列,然後按 **確定** 鈕。(再選按 ⊞ **圖表項目** 鈕隱藏設定清單)

Step 2 調整趨勢線的格式

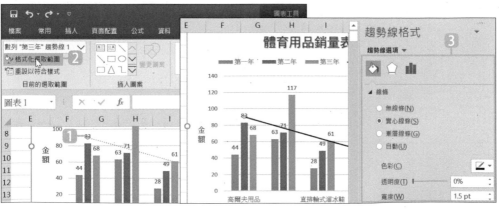

1. 選取趨勢線。

2. 於 **圖表工具 \ 格式** 索引標籤選按 **格式化選取範圍** 開啟窗格。

3. 提供 ◇ **填滿與線條**、◌ **效果**、▥ **趨勢線選項** 三個設定項目,可以依照需求,調整像線條、陰影、趨勢線選項...等格式。

59 分離圓形圖中的某個扇區

圓形圖是劃分為多個扇形區域的圖表，從圓形圖中取出某一個扇區，可讓焦點集中在特定扇區。

Step 1 選取需要獨立分離的扇區

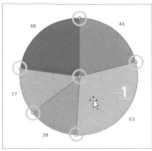 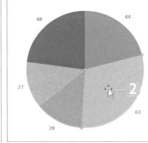

1 在要取出的扇區上按一下滑鼠左鍵，選取整個圓形圖，會出現共 6 個控點。

2 再於綠色的扇區上按一下滑鼠左鍵，即可選取單一扇區，控點剩 3 個。

Step 2 利用拖曳分離指定的扇區

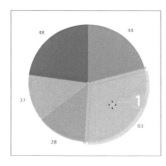 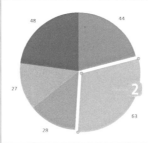

1 在已單獨選取的扇區上，按住滑鼠左鍵不放往外拖曳，當出現虛線後放開滑鼠左鍵。

2 即可分離區該扇區。

TIPS

指定扇區分離程度的百分比

在選取指定扇區後，於 **圖表工具 \ 格式** 索引標籤選按 **格式化選取範圍** 開啟右側 **資料點格式** 窗格。在 數列選項 \ 數列選項 項目中可以透過 **爆炸點** 設定該扇區分離程度的百分比。

60 調整圓形圖的扇區起始角度

從圓形圖中分離的扇區,可以透過角度調整起始的位置。

Step 1 開啟圖表區格式窗格

1 選取任一扇區。

2 於 **圖表工具 \ 格式** 索引標籤選按 **格式化選取範圍** 開啟窗格。

Step 2 調整扇區的起始角度

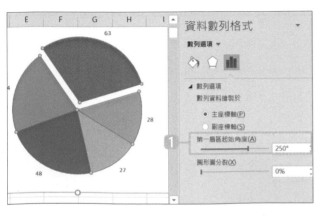

1 於 ■ \ **第一扇區起始角度** 項目中,輸入想要旋轉的角度後,即可發現所有扇區都跟著轉動。

61 利用篩選功能顯示圖表指定項目

圖表除了可以完整顯示分析的資料外,也可以透過篩選顯示部分資訊。

Step 1 篩選圖表資料

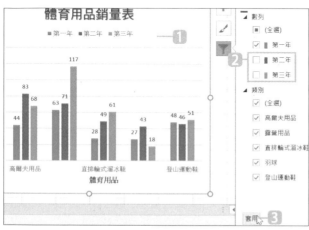

1. 選取圖表。

2. 選按 ▼ **圖表篩選** 鈕,清單中提供 **數列** 與 **類別** 二個篩選項目,預設為全部核選,也可以根據需求,取消核選不顯示的項目。

3. 按 **套用** 鈕。

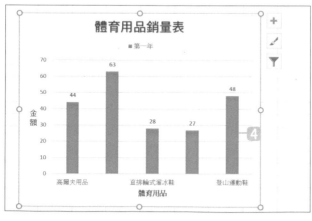

4. 本例篩選後僅顯示第一年各項體育用品的銷售狀況。(選按 ▼ **圖表篩選** 鈕可隱藏設定清單)

Step 2 還原篩選資料

篩選完的資料如果想要恢復原狀,可以直接再選按 ▼ **圖表篩選** 鈕,將清單中的 **數列** 或 **類別** 項目皆核選 **全選**。

62 在儲存格中顯示走勢圖

走勢圖 可以依數值資料在儲存格中快速顯示折線圖、直條圖...等分析類型的小圖表。

Step 1 **插入走勢圖**

	A	B	C	D	E	F	G	H
1	體育用品銷量表						單位：萬	
2		第一年	第二年	第三年	第四年	第五年	走勢圖	
3	高爾夫用品	44	83	68	39	75		

1️⃣ 選取 B3:F3 儲存格。

2️⃣ 選按 📊 **快速分析** 鈕，清單中選按 **走勢圖\折線圖**。

	第一年	第二年	第三年	第四年	第五年	走勢圖
高爾夫用品	44	83	68	39	75	〜
露營用品	63	71	117	47	69	📊
直排輪式溜冰鞋	28	49				
羽球	27	43				
登山運動鞋	48	46				

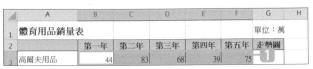

設定格式(F)　圖表(C)　總計(O)　表格(T)　走勢圖(S)

折線圖　分欄符號　輸贏分析

			單位：萬
第三年	第四年	第五年	走勢圖
68	39	75	〜
117	47	69	
61	25	43	
18	34	66	
51	63	25	

			單位：萬
第三年	第四年	第五年	走勢圖
68	39	75	〜
117	47	69	〜
61	25	43	〜
18	34	66	〜
51	63	25	〜

3️⃣ 選取出現走勢圖的 G3 儲存格，將滑鼠指標移到儲存格右下角的填滿控點上，此時指標會呈 ➕ 狀。

4️⃣ 往下拖曳至 G7 儲存格，再放開滑鼠左鍵，即會填入相關走勢圖。

Step 2 **編輯走勢圖**

走勢圖 中提供 **高點**、**低點** ...等其他特殊資料點顯示，並可快速套用樣式進行美化。

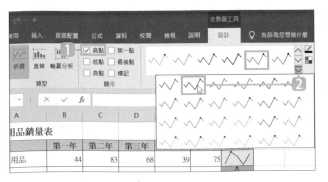

1️⃣ 選取 G3:G7 儲存格狀態下，於 **走勢圖工具\設計** 索引標籤核選 **高點**。

2️⃣ 於 **走勢圖工具\設計** 索引標籤選按 **樣式-其他** 清單鈕\褐色,走勢圖樣式輔色 **2‧較深 50%**。

③ 用圖表呈現大數據

63 將自製圖表變成為圖表範本

如果覺得手邊圖表製作的很棒，想要儲存為範本供下一次使用時，可以參考以下方式，即可將自製圖表範本快速套用在其他圖表上。

Step 1 將圖表存成圖表範本

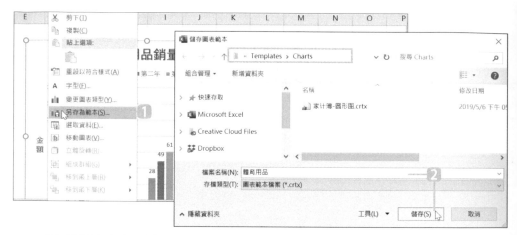

1. 於圖表空白區按滑鼠右鍵，選按 **另存為範本** 開啟對話方塊。

2. 範本儲存在指定路徑內，調整檔案名稱後按 **儲存** 鈕。

Step 2 套用自訂的圖表範本

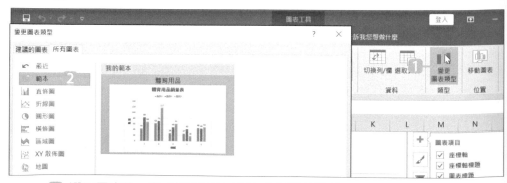

1. 選取圖表後，於 **圖表工具 \ 設計** 索引標籤選按 **變更圖表類型**。

2. 在對話方塊中，於 **所有圖表** 標籤選按 **範本** 即可看到剛剛儲存的圖表範本。

64 利用資料橫條呈現數值大小

資料橫條 會依數值大小顯示單一顏色的橫條，可以幫助你快速比較出各儲存格數值間的比重關係，資料橫條的長度愈長代表值愈高，愈短代表值愈低。

Step 1 選擇合適的資料橫條樣式

在 "總價" 項目中，以資料橫條呈現數值大小。

1 選取要依條件將資料格式化的資料範圍 H3:H8 儲存格。

2 於 **常用** 索引標籤選按 **條件式格式設定 \ 資料橫條 \ 藍色資料橫條**。

Step 2 瀏覽完成的成果

可看到 "總價" 項目中的值已透過藍色的資料橫條呈現。

	編號	國家	城市	出國日期	航空公司	未稅價	稅金	總價
3	1	泰國	普吉島	2017/4/4	泰國航空	8,957	2,395	11,352
4	2	日本	東京	2017/5/28	長榮航空	7,684	2,550	10,234
5	3	韓國	首爾	2017/4/4	德威航空	4,750	2,900	7,650
6	4	荷蘭	阿姆斯特丹	2017/6/20	國泰航空	17,980	13,547	31,527
7	5	義大利	威尼斯	2017/3/10	港龍航空	13,690	13,405	27,095
8	6	西班牙	馬德里	2017/7/2	海南航空	15,370	16,910	32,280

65 利用圖示集標註數值大小

圖示集 可於大量的資料數據中，快速為各等級的資料標註所代表的圖示，藉以區隔出資料數據的關係。此功能包含多組圖示 (**箭號、旗子、表情、紅綠燈**...等) 讓你套用，在此套用其中一項做說明，可再依需求自行做相仿的練習。

Step 1 選擇合適的圖示集

在 "總價" 項目中加上圖片標示，⬆ 表示 >=30000，↗ 表示 <30000 且 >=20000，↘ 表示 <20000 且 >=10000，⬇ 表示 <10000。

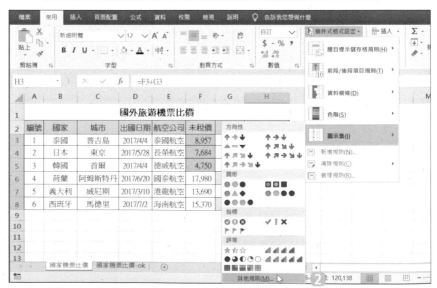

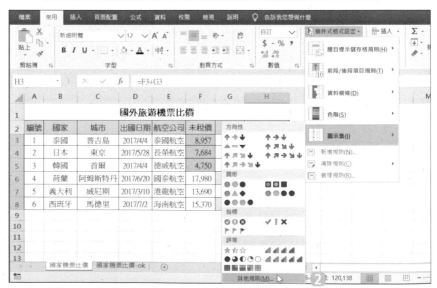 選取要依條件格式化的資料範圍 H3:H8 儲存格。

 於 **常用** 索引標籤選按 **條件格式化設定 \ 圖示集 \ 其他規則**。

設定圖示規則條件

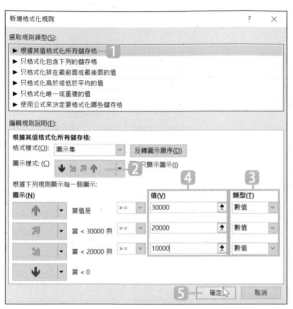

1. 於開啟對話方塊設定 **選取規則類型：根據其值格式化所有儲存格**。

2. 於 **圖示樣式** 清單中選擇合適的樣式。

3. 設定 **類型：數值**。

4. 設定 **值：30000**、**20000**、**10000**。

5. 按 **確定** 鈕。

③ 用圖表呈現大數據

◀ 完成格式化條件的指定後，"總價" 項目中的值已標示上相關圖示。

	A	B	C	D	E	F	G	H
1			**國外旅遊機票比價**					
2	編號	國家	城市	出國日期	航空公司	未稅價	稅金	總價
3	1	泰國	普吉島	2017/4/4	泰國航空	8,957	2,395	11,352
4	2	日本	東京	2017/5/28	長榮航空	7,684	2,550	10,234
5	3	韓國	首爾	2017/4/4	德威航空	4,750	2,900	7,650
6	4	荷蘭	阿姆斯特丹	2017/6/20	國泰航空	17,980	13,547	31,527
7	5	義大利	威尼斯	2017/3/10	港龍航空	13,690	13,405	27,095
8	6	西班牙	馬德里	2017/7/2	海南航空	15,370	16,910	32,280

TIPS

管理格式化的條件

套用格式化條件的儲存格範圍可視作品需求，執行新增、清除或修改既有條件的內容。於 **常用** 索引標籤選按 **條件式格式設定 \ 管理規則**，於對話方塊中調整。

利用色階呈現數值變化

資料中的數字，即使有高低變化，也無法在黑白表格中一眼看透。以下利用色階的方式，於儲存格套用二至三種的色彩漸層，有效呈現資料的分配及變化。

Step 1 選擇合適的色階樣式

用色階方式，表現各類暢銷商品在整月中的銷售變化。

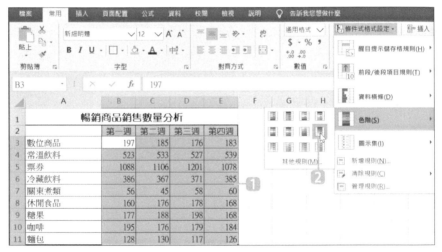

1. 選取要依條件將資料格式化的資料範圍 **B3:E11** 儲存格。

2. 於 **常用** 索引標籤選按 **條件式格式設定 \ 色階 \ 紅-白色階**。

Step 2 瀏覽完成的成果

透過紅、白漸層色階，可以看出在四週的銷售數字中， "票券" 是九種暢銷商品中較多人購買的商品。

	暢銷商品銷售數量分析			
	第一週	第二週	第三週	第四週
數位商品	197	185	176	183
常溫飲料	523	533	527	539
票券	1088	1106	1201	1078
冷藏飲料	386	367	371	385
關東煮類	56	45	58	60
休閒食品	160	176	178	168
糖果	177	188	198	168
咖啡	195	176	179	184
麵包	128	130	117	126

Part

4

組合式圖表應用

組合式圖表是二種或多種圖表類型的結合，讓數據變
得容易理解，尤其當資料類型不同，而導致彼此的數
據差異過大時，透過主、副座標軸的設計，能更有效
透析數據中的資訊。

不同性質的多組資料相互比較

進階橫條圖

▶ 範例分析

當遇到多組資料相互比較時，常會以直條圖或橫條圖表現。如果面對大量資料，直條圖會因為資料項目過多而導致水平軸文字被壓縮或需傾斜擺放，這時就可改用橫條圖表現，它會根據資料筆數而往上、往下延伸，讓圖表不會因為空間不足而壓縮到文字或數字，完整展現分析結果。

此份「支出預算」範例中，首先將資料內容製作成群組橫條圖，接著針對垂直座標軸與圖例進行名稱的修改，調整橫條圖的格式，如：副座標軸的設定、顯示水平座標軸的單位、資料數列的設計...等，最後再利用資料標籤顯示預算與實際總額之間的差額，並更改圖表標題與強調超出預算的支出項目，幫助使用者藉由這份橫條圖快速分析出實際支出超出或未達預算多少金額。

第一季支出預算			單位:萬
項目	預算	總額	差額
稅款	$500,000	$680,000	-$180,000
廣告	$300,000	$380,000	-$80,000
房租	$800,000	$820,000	-$20,000
電話費	$100,000	$81,000	$19,000
水電費	$100,000	$68,000	$32,000
辦公用品	$300,000	$240,000	$60,000

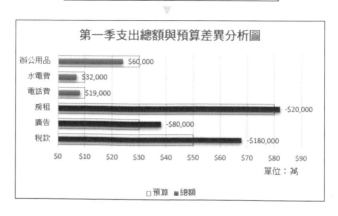

建立橫條圖

橫條圖與直條圖的性質,都適合用來表現多筆資料間的數據比較,範例中首先進行
群組橫條圖 的建立。

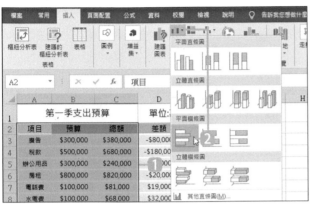

1 選取製作圖表的資料內容
來源範圍 **A2:C8** 儲存格。

2 於 **插入** 索引標籤選按 **插
入直條圖或橫條圖 \ 群組
橫條圖**。

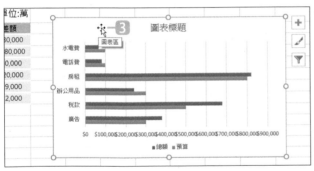

3 剛建立好的圖表會重疊在
資料內容上方,所以將滑
鼠指標移至圖表上方呈 🕂
狀時拖曳,將圖表移至工
作表中合適的位置擺放。

調整橫條圖格式

希望將表示 "預算" 與 "總額" 的數列相互重疊,並透過座標軸、資料數列填滿與框
線...等格式的調整,看出每個支出項目的實際總額是超出或未達預算金額。

將 "總額" 資料數列設定為副座標軸藉以表現重疊效果

由於等一下需就這二個資料數列分別設定其格式,因此將 "總額" 資料數列設定為副座標軸,也因為這樣的調整圖表中原本分開呈現的橫條資料數列會重疊在一起,藍色數列 "預算" 在下,橘色數列 "總額" 在上。

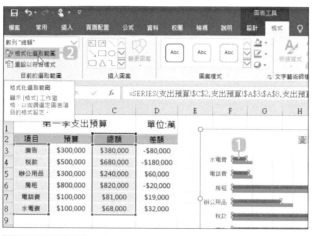

1 選取橘色 "總額" 數列。

2 於 圖表工具\格式 索引標籤選按 格式化選取範圍 開啟 資料數列格式 窗格。

3 於 📊\數列選項 項目中核選 副座標軸。

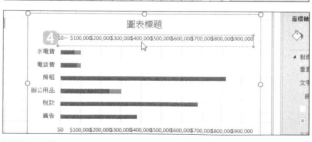

4 選取上方水平副座標軸。

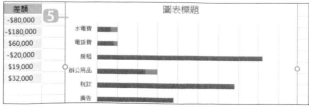

5 按 Del 鍵刪除。

顯示水平座標軸的單位

在水平座標軸中，數值因為位數太長不易分辨，以下就以 "萬" 為顯示單位，簡化數值位數，以方便檢視。

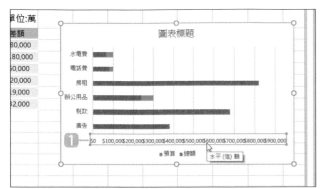

1 選取水平座標軸。

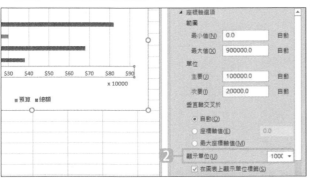

2 於 **座標軸格式** 窗格， \ **座標軸選項** 項目中設定 **顯示單位：10000**。原本一長串的數值，簡化以 " 萬" 為單位的金額。

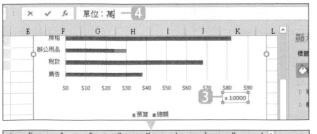

3 選取 **×10000** 文字方塊。

4 於 **資料編輯列** 輸入「單位：萬」，按一下 **Enter** 鍵。

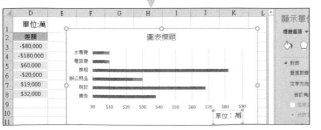

Step 3 調整資料數列格式

接下來調整橫條圖的顏色配置與線條格式，以區隔出這二組數據。

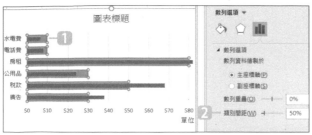

1 選取藍色 "預算" 數列。

2 於 **資料數列格式** 窗格， \ **數列選項** 項目中設定 **類別間距：50%**。

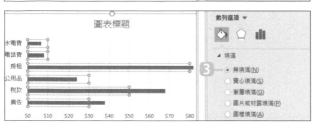

3 於 \ **填滿** 項目中核選 **無填滿**。

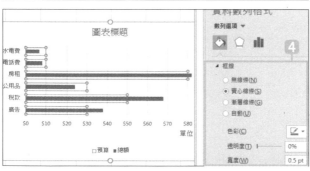

4 再於 **框線** 項目中核選 **實心線條**，設定 **色彩** 與 **寬度**。

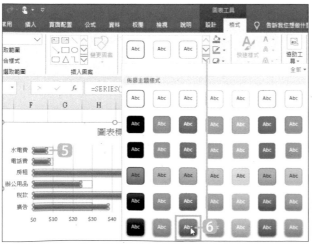

5 選取橘色 "總額" 數列。

6 於 **圖表工具 \ 格式** 索引標籤選按 **圖案樣式-其他鈕**，清單中選按合適的樣式套用。

利用資料標籤顯示支出差額

在數列最右側，利用資料標籤顯示 "預算" 與 "總額" 之間的 "差額"。

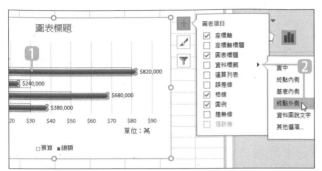

1. 選取橘色 "總額" 數列。

2. 選按 ⊞ **圖表項目** 鈕 \ **資料標籤** 右側▸清單鈕 \ **終點外側**。(再選按 ⊞ **圖表項目** 隱藏設定清單)

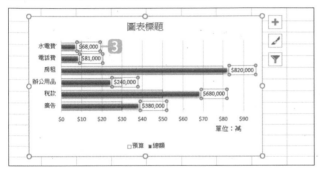

3. 因為目前產生的資料標籤值為 "總額" 的數據，所以必須選取資料標籤後再指定為 "差額" 的數據。

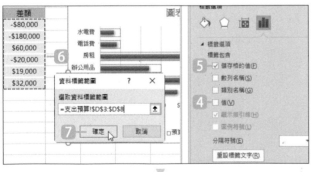

4. 於 **資料標籤格式** 窗格，■ \ **標籤選項** 項目中取消核選 **值**。

5. 核選 **儲存格的值**。

6. 在 **資料標籤範圍** 對話方塊開啟狀態下，於工作表拖曳選取差額資料內容來源範圍 D3:D8 儲存格。

7. 回到對話方塊中按 **確定** 鈕，這樣資料標籤原本顯示 "總額" 的值，改為顯示 "差額" 的值。

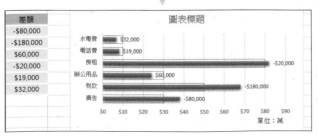

橫條的上下排序

支出預算中 "差額" 是 "預算" 減去 "總額" 的值，若值為負數則表示該支出項目已超支，若為正數則代表未超出預算。此橫條圖資料數列要依來源資料 "差額" 值進行排序，資料數列顯示順序為超支最少在上 (60,000)、超支最多在下 (-180,000)。

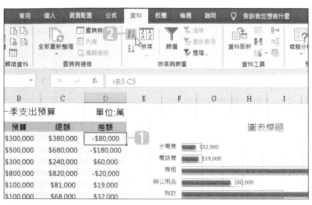

1 選取 D3 儲存格。

2 於 **資料** 索引標籤選按 **從最小到最大排序** (數值會由最小到大排序)。

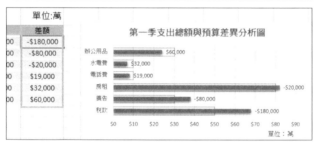

◀ 發現來源資料已依 "差額" 值從最小排列到最大。而圖表中的橫條資料數列則是從 "差額" 最大值 (超支最少) 的 "60,000"，由上往下逐一排列。(圖表數列排序方式與資料內容排序相反)

最後調整

調整圖表標題，並將超過支出預算 ("差額" 為負數) 的數列以紅色標示，藉此完成範例的製作。透過顏色區別正負數值，看出這一季 "辦公用品"、"水電費" 與 "電話費" 支出皆控制在預算之內，反而需要關心 "房租"、"廣告" 與 "稅款" 超支原因為何。

1 圖表標題輸入「第一季支出總額與預算差異分析圖」，並調整格式。

2 分別選取 "房租"、"廣告" 與 "稅款" 的橘色 (總額) 數列，調整為紅色。

68 損益分析與預測趨勢走向

直條圖 趨勢線

▶ 範例分析

此份「損益評估」範例中,先將資料內容製作成群組直條圖,接著修改圖表標題與圖例位置、座標軸的單位與刻度、資料數列的寬度與顏色,然後加上趨勢線,檢視與預測投資標的走向,最後利用文字方塊與圖案,強調正負報酬與損益回復狀況,完整分析出二組標的物投資績效。

債券&股票損益評估		
	全球債券	全球股票
2019/07	-NT$5,500	-NT$32,000
2019/08	-NT$30,000	-NT$58,000
2019/09	-NT$50,500	-NT$68,000
2019/10	-NT$25,000	-NT$37,000
2019/11	-NT$15,000	NT$5,000
2019/12	NT$35,000	NT$11,000
2020/01	NT$50,000	-NT$20,000
2020/02	NT$60,000	NT$21,000
2020/03	NT$85,000	-NT$35,000
2020/04	NT$100,000	-NT$24,000
2020/05	NT$130,000	NT$7,000

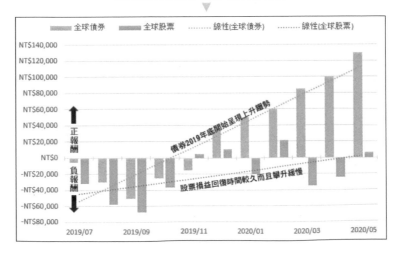

④ 組合式圖表應用

建立直條圖

範例中先建立 **群組直條圖**。

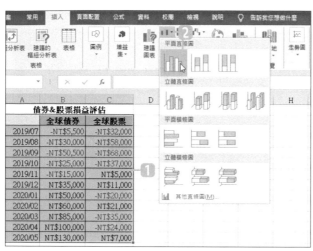

1. 選取製作圖表的資料內容來源範圍 A2:C13 儲存格。

2. 於 **插入** 索引標籤選按 **插入直條圖或橫條圖 \ 群組直條圖**。

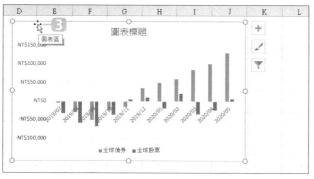

3. 建立好的圖表會重疊在資料內容上方,將滑鼠指標移至圖表上方呈 狀時拖曳,將圖表移至工作表中合適的位置擺放。

調整圖表標題與圖例

為了增加直條圖的顯示空間,先隱藏圖表標題,接著再調整圖例位置。

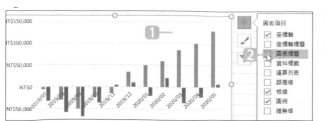

1. 選取圖表。

2. 選按 ⊞ **圖表項目** 鈕,清單中取消核選 **圖表標題**。

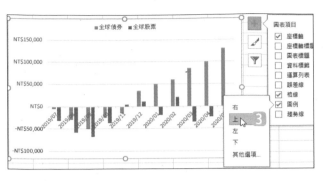

3 在設定清單開啟的狀態下，選按 **圖例** 右側 ▶ 清單鈕 \ **上** 完成圖例調整。(再選按 ⊞ **圖表項目** 鈕隱藏設定清單)

調整座標軸

以下針對水平與垂直座標軸的格式調整。

Step 1 調整水平座標軸的單位與刻度

日期的位置疊在長條圖上不好閱讀，透過單位與刻度設定，略調整上下位置即可讓水平座標軸一目了然。

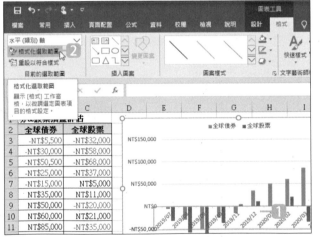

1 選取水平座標軸。

2 於 **圖表工具 \ 格式** 索引標籤選按 **格式化選取範圍** 開啟 **座標軸格式** 窗格。

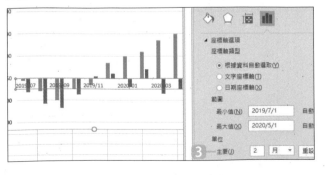

3 於 ⬛ \ 座標軸選項 \ 單位 項目中，設定 **主要：2 月**。

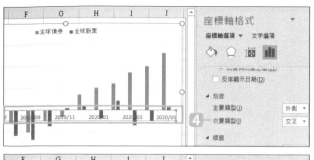

4 於 **刻度** 項目中,設定 **次要刻度類型:交叉**,會發現上下直條圖間的格線,出現內外側刻度。

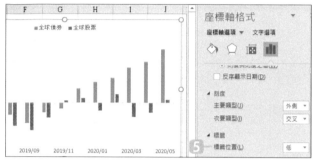

5 於 **標籤** 項目中,設定 **標籤位置:低**。

Step 2 調整垂直座標軸的單位與格式

縮減垂直座標軸金額間的差距,讓顯示變密集,並將負數金額的文字顏色改為黑色。

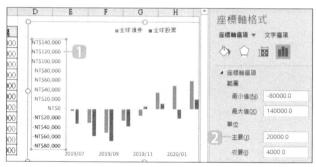

1 選取垂直座標軸。

2 於 **■■** \ **座標軸選項** \ **單位** 項目中,設定 **主要:20000**。

3 於 **數值** \ **類別** 項目中,設定 **類型:[NT]#,##0**。

調整資料數列的間距與顏色

將債券與股票二組資料數列加寬一些,並修改顏色。

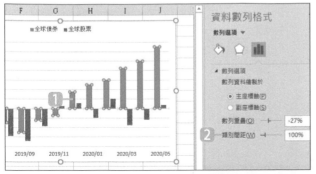

1. 選取圖表中 "全球債券" 資料數列。

2. **資料數列格式** 窗格,於 📊 \ **數列選項** 項目中,設定 **類別間距:100%**,加寬長條圖。

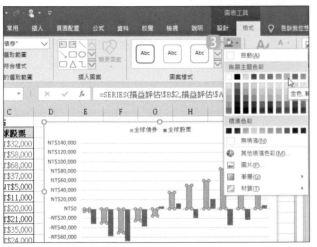

3. 在選取資料數列狀態下,於 **圖表工具 \ 格式** 索引標籤選按 **圖案填滿**,於清單中選擇合適顏色套用。

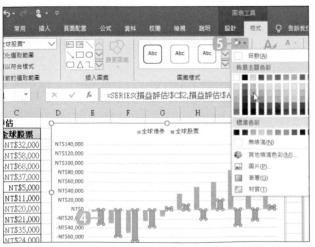

4. 選取圖表中的 "全球股票" 資料數列。

5. 於 **圖表工具 \ 格式** 索引標籤選按 **圖案填滿**,於清單中選擇另一合適顏色套用。

④ 組合式圖表應用

加入趨勢線

加入趨勢線可便於檢視資料趨勢，並進行預測分析。

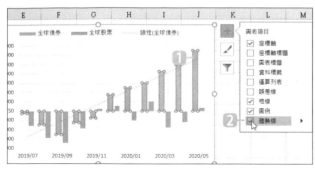

1. 選取圖表中的 "全球債券" 資料數列。

2. 選按 ⊞ **圖表項目** 鈕，清單中核選 **趨勢線**，會於圖表中出現預設的藍色虛線趨勢線。

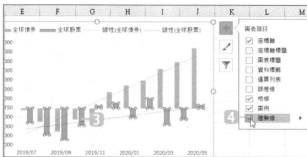

3. 選取圖表中的 "全球股票" 資料數列。

4. 在設定清單中核選 **趨勢線**，會於圖表中出現另一預設的橘色虛線趨勢線。(再選按 ⊞ **圖表項目** 鈕隱藏設定清單)

運用文字方塊與圖案讓圖表呈現更多元化

圖表除了能將數據圖像化，還可以搭配一些圖案或文字方塊，讓圖表的呈現更為清楚與活潑。

Step 1 等比例放大圖表尺寸

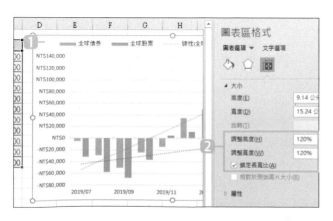

1. 選取圖表。

2. 於 **圖表區格式** 窗格，⊞ \ **大小** 項目中，核選 **鎖定長寬比**，透過輸入放大的百分比數值，調整高度與寬度。

1 於 **插入** 索引標籤選按 **文字方塊** 清單鈕 \ **垂直文字方塊**。

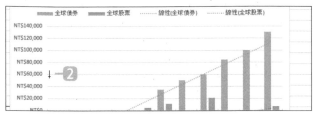

2 滑鼠指標會出現 ↓ 狀,移到圖表上欲放置的地方。

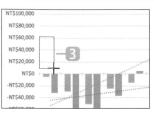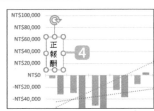

3 按住滑鼠左鍵不放拖曳出一個文字方塊。

4 輸入「正報酬」文字。

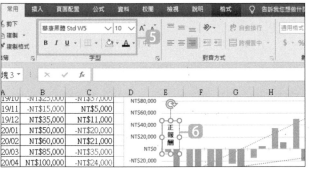

5 將滑鼠指標移到文字框線上,按一下選取整個文字框,於 **常用** 索引標籤設定文字格式。

6 在選取文字方塊的狀態下,於 **繪圖工具 \ 格式** 索引標籤設定 **圖案外框:無外框**。

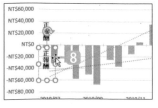

7 將滑鼠指標移到文字框線上呈 ✛ 狀時,拖曳文字方塊至如圖的適當位置,並按 Ctrl + C 鍵複製。

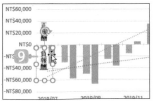

8 按 Ctrl + V 鍵貼上後,將文字方塊移動到如圖適當位置。

9 修改文字為「負報酬」。

④ 組合式圖表應用

Step 3 利用箭號圖案標示正負方向

1. 於 **插入** 索引標籤選按 **圖案 \ 箭號：向下**。

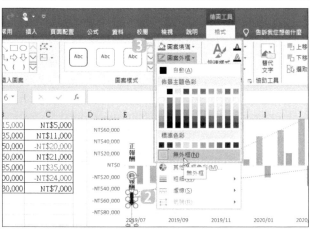

2. 按住滑鼠左鍵不放，在圖表上拖曳出一個向下箭號，並移動至 "負報酬" 文字下方擺放。

3. 在選取箭號狀態下，於 **繪圖工具 \ 格式** 索引標籤分別設定 **圖案填滿** 與 **圖案外框**。

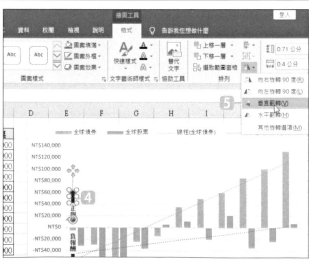

4. 利用 `Ctrl` + `C` 鍵與 `Ctrl` + `V` 鍵複製與貼上另一個向下箭號，並移動到 "正報酬" 文字上方。

5. 在選取複製的向下箭號狀態下，於 **繪圖工具 \ 格式** 索引標籤選按 **旋轉 \ 垂直翻轉** 即可變更箭頭方向。

在趨勢線上透過文字表現重點

最後在趨勢線，也利用文字方塊簡單說明整體數據趨勢，完成此範例製作。

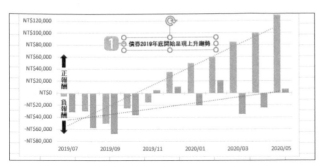

1. 於 **插入** 索引標籤選按 **文字方塊** 清單鈕 \ **繪製水平文字方塊**，拖曳出文字方塊，輸入如圖文字後，按一下 `Esc` 鍵選取整個文字方塊，於 **常用** 索引標籤設定文字格式，與套用無外框。

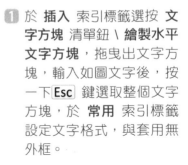

2. 將滑鼠指標移到文字方塊的旋轉控點 ⟳ 上，按住滑鼠左鍵不放旋轉至與 "全球債券" 藍色趨勢線同樣水平的角度。

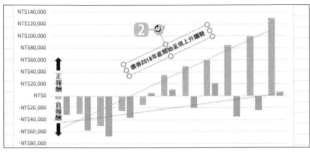

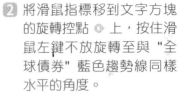

3. 將滑鼠指標移到文字框線上呈 ✛ 狀時，拖曳文字方塊靠近 "全球債券" 藍色趨勢線。

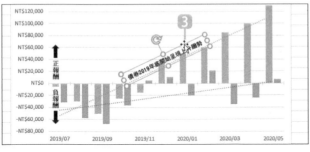

4. 利用 `Ctrl` + `C` 鍵與 `Ctrl` + `V` 鍵複製與貼上另一個文字方塊，並修改為如圖文字。一樣旋轉角度與移動位置靠近 "全球股票" 橘色趨勢線。

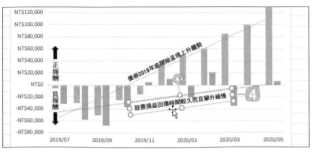

④ 組合式圖表應用

呈現數量總和與增減變化分析

折線圖　長條圖　區域圖

▶ 範例分析

在第一份「人數統計」範例中，除了將各國來台的旅客，以折線方式顯示 2018、2019、2020 年的人數變化；另外搭配長條圖，表現各國旅客三年的總數。過程以變更圖表類型與圖表格式調整為學習主軸，另外再進行圖表標題的設計。

來台旅客人數統計			
			單位：
	2018	2019	2020	合
日本	1,086,691	1,421,550	1,634,790	4,14
韓國	402,266	751,301	1,027,684	2,18
中國	829,204	1,874,702	3,587,152	6,29
港澳	618,667	783,341	1,375,770	2,77
東南亞	725,751	1,261,596	1,388,305	3,37
美國	387,197	414,060	500,691	1,30
歐洲	400,914	823,062	964,880	2,18

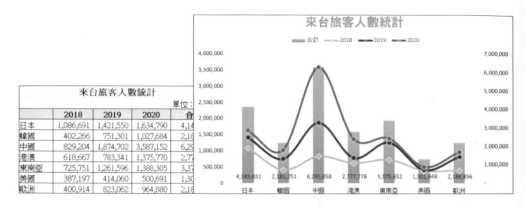

在第二份「成長率分析」範例中，除了用區域圖方式堆疊出 2019 與 2020 年各國的人數變化；另外搭配折線圖，表現二年間各國旅客的成長率。過程以複製、貼上圖表的方式快速建制新圖表，修改資料來源、圖表類型、圖表格式為學習主軸。

來台旅客成長率分析		
		單位：人次
	2019	2020	成長率
日本	1,421,550	1,634,790	15%
韓國	751,301	1,027,684	37%
中國	1,874,702	3,587,152	91%
港澳	783,341	1,375,770	76%
東南亞	1,261,596	1,388,305	10%
美國	414,060	500,691	21%
歐洲	823,062	964,880	17%

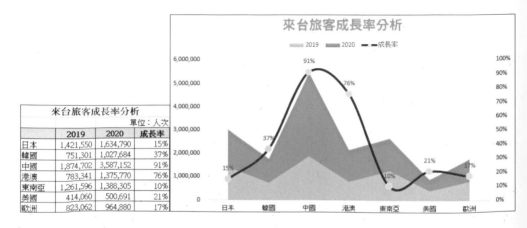

建立折線圖

範例中先建立 **含有資料標記的折線圖**。

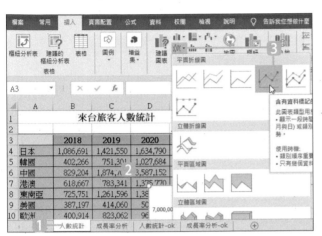

1. 選按 **人數統計** 工作表。

2. 選取製作圖表的資料內容來源範圍 A3:E10 儲存格。

3. 於 **插入** 索引標籤選按 **插入折線圖或區域圖 \ 含有資料標記的折線圖**。

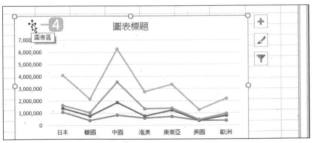

4. 剛建立好的圖表重疊在資料內容上方,所以將滑鼠指標移至圖表上方呈 狀時拖曳,將圖表移至工作表中合適的位置擺放。

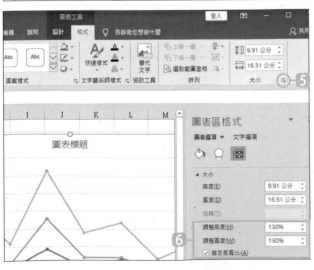

5. 在選取圖表狀態下,於 **圖表工具 \ 格式** 索引標籤選按 **大小** 對話方塊啟動器,開啟 **圖表區格式** 窗格。

6. 核選 **鎖定長寬比**,接著輸入放大的百分比數值,調整高度與寬度。

變更為組合式圖表

剛剛建立的圖表會出現四條折線，分別代表 "2018"、"2019"、"2020" 與 "合計" 的數據，在這個範例中希望將合計人數以長條圖的方式表現。所以透過 **變更圖表類型** 動作，將資料從原來單純的折線圖，調整為搭配長條圖的組合式圖表。

1. 選取圖表。

2. 於 **圖表工具 \ 設計** 索引標籤選按 **變更圖表類型** 開啟對話方塊。

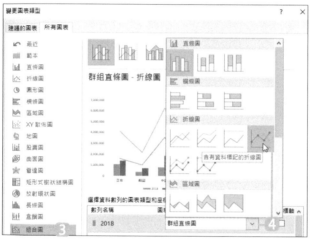

3. 在 **所有圖表** 標籤中選按 **組合圖**。

4. 於 **2018** 數列按 **圖表** 清單鈕，清單中選按 **折線圖 \ 含有資料標記的折線圖**，將圖表重新套用。

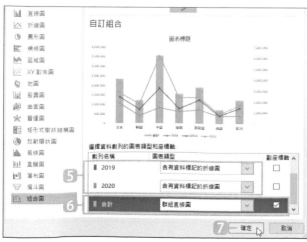

5. 另外將 **2019**、**2020** 數列分別套用 **折線圖 \ 含有資料標記的折線圖**。

6. 將 **合計** 數列調整為 **直條圖 \ 群組直條圖**，並核選 **副座標軸**。

7. 按 **確定** 鈕。

調整組合式圖表格式

完成初始組合圖表的建立後，接下來就依序進行資料數列、圖例、資料標籤、座標軸、格線...等格式的調整。

Step 1 **自訂資料數列格式**

調整 "2018"、"2019"、"2020" 三組資料數列的線條與標記格式。

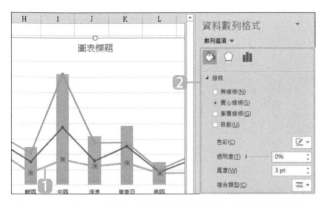

1 選取 "2018" 資料數列。

2 於 **資料數列格式** 窗格，◇ \ 線條 項目中，為此資料數列套用合適的 **色彩** 與 **寬度**。

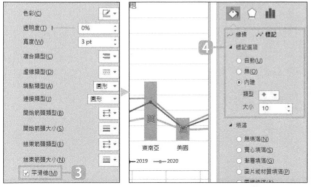

3 窗格中將捲軸往下拖曳，核選 **平滑線**。

4 接著選按 ⊠ **標記**，於 **標記選項** 項目中核選 **內建**，設定 **類型** 與 **大小**。

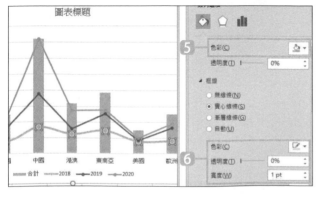

5 將捲軸往下拖曳，修改 **填滿** 項目中的 **色彩**。

6 於 **框線** 項目中修改 **色彩** 與 **寬度**。

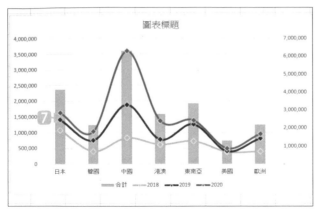

7 參考 "2018" 資料數列的調整方式，將 "2019" 與 "2020" 資料數列進行相同處理。

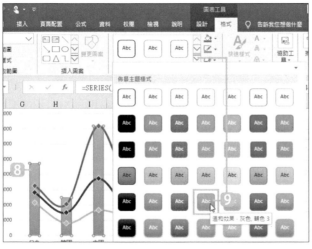

8 選取 "合計" 資料數列。

9 於 圖表工具 \ 格式 索引標籤選按 圖案樣式-其他 鈕，於清單中選擇合適的樣式套用。

Step 2 將圖例移至圖表上方

將原本在圖表下方的圖例移至上方。

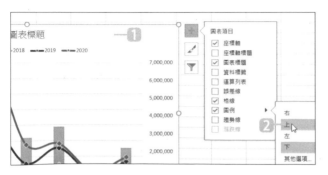

1 選取圖表。

2 選按 ⊞ 圖表項目 鈕 \ 圖例 右側 ▶ 清單鈕 \ 上。(再選按 ⊞ 圖表項目 鈕隱藏設定清單)

希望可以將各國三年來台旅客的 "合計" 人數統一顯示在長條圖下方。

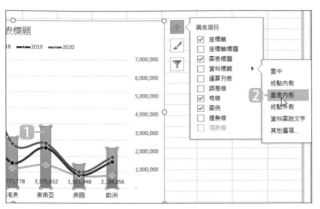

1 選取 "合計" 資料數列。

2 選按 ⊞ **圖表項目** 鈕 \ **資料標籤** 右側 ▶ 清單鈕 \ **基底內側**。(再選按 ⊞ **圖表項目** 鈕隱藏設定清單)

一次修改圖表中所有文字的顏色,並取消圖表中的格線顯示。

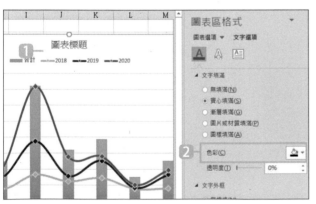

1 選取圖表。

2 於 **圖表區格式** 窗格,**文字選項** \ 🄰 \ **文字填滿** 項目中修改 **色彩**。

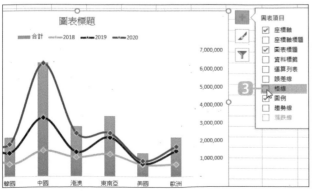

3 選取圖表狀態下,選按 ⊞ **圖表項目** 鈕,清單中取消核選 **格線**。(再選按 ⊞ **圖表項目** 鈕隱藏設定清單)

設計圖表標題文字

修改圖表的標題文字，並套用文字藝術師，將標題變得更為出色。

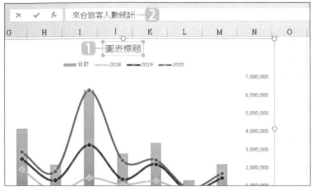

1 選取圖表標題。

2 於 **資料編輯列** 輸入 「來台旅客人數統計」，按 **Enter** 鍵完成輸入。

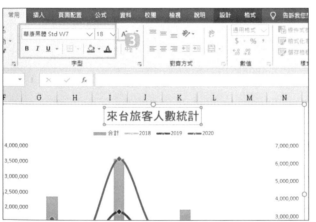

3 在選取圖表標題狀態下，於 **常用** 索引標籤調整 **字型**、**大小**...等格式。

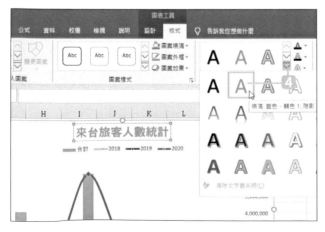

4 最後於 **圖表工具 \ 格式** 索引標籤選按 **文字藝術師樣式-其他** 鈕，清單中選擇適合的樣式套用。

這樣就完成第一個圖表的製作。

透過複製快速產生新的組合式圖表

第一個 "來台旅客人數統計" 組合式圖表中，主要用折線圖表示 2018、2019 與 2020 年各國的來客數量，另外再透過直條圖呈現各國三年的來台總人數。在第二個即將建立的圖表中，會利用區域圖與折線圖，表現近二年各國來台人數的成長狀況。

Step 1 利用複製與貼上功能產生另一個組合式圖表

為了讓二份圖表的外觀不會相差太多，先透過複製、貼上動作省略一些重複的設定，也可以藉此達到格式統一的目的。

1 於 **人數統計** 工作表選取圖表，按 **Ctrl** + **C** 鍵複製。

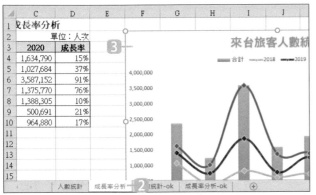

2 切換到 **成長率分析** 工作表。

3 於想要擺放圖表位置的儲存格上按一下，然後按 **Ctrl** + **V** 鍵貼上。

④ 組合式圖表應用

Step 2 變更圖表的資料來源

因為複製產生的圖表，預設還是以原來工作表的資料內容為主要來源，所以要先調整資料來源。

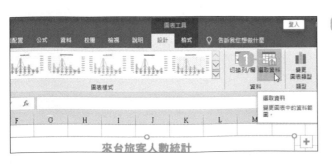

1 在選取圖表的狀態下，於 **圖表工具 \ 設計** 索引標籤選按 **選取資料** 開啟對話方塊。

2 選按 **成長率分析** 工作表。

3 重新拖曳選取資料內容來源範圍 A3:D10 儲存格。

4 在 **選取資料來源** 對話方塊中，會發現 **圖表資料範圍** 已更新，再按 **確定** 鈕。

Step 3 調整圖表類型

資料範圍變更，連帶也牽動圖表，不過看得出來目前的圖表類型並不適合，在此要利用區域圖與折線圖表現近二年各國來台人數的成長狀況。

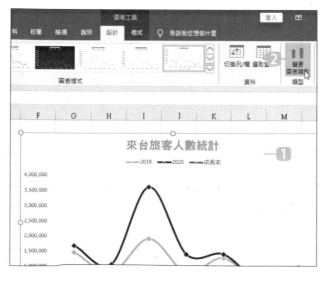

1 選取圖表。

2 於 **圖表工具 \ 設計** 索引標籤選按 **變更圖表類型** 開啟對話方塊。

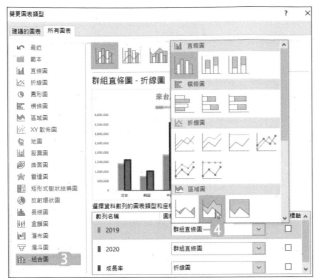

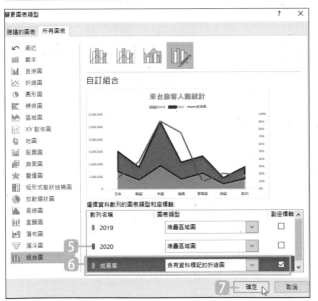

3 在 **所有圖表** 標籤中選按 組合圖。

4 於 **2019** 數列按 圖表 清單 鈕，清單中選按 **區域圖 \ 堆疊區域圖**。

5 **2020** 數列也套用 **區域圖 \ 堆疊區域圖**。

6 將 **成長率** 數列調整為 **折線圖 \ 含有資料標記的折線圖**，並核選 **副座標軸**。

7 按 **確定** 鈕。

修改副座標軸的文字顏色

將圖表右側，副座標軸的百分比數值改為深藍色，統一圖表中的所有文字色系。

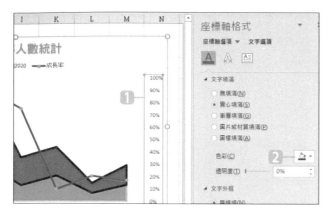

1. 選取垂直副座標軸。

2. 於 **座標軸格式** 窗格，**文字選項 \ \ 文字填滿** 項目中設定 **色彩**。

快速變更圖表色彩

直接套用 Excel 設計好的色彩樣式。

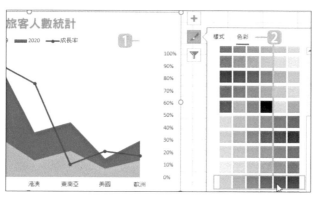

1. 選取圖表。

2. 選按 圖表樣式 鈕，清單中選按 **色彩 \ 單色的調色盤12**。

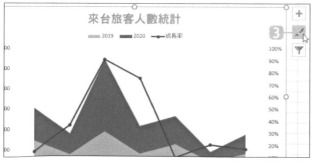

3. 套用顏色後，選按 圖表樣式 鈕隱藏設定清單。

參考 P107 **人數統計** 工作表中圖表內線條的調整方式，修改 "成長率" 資料數列。

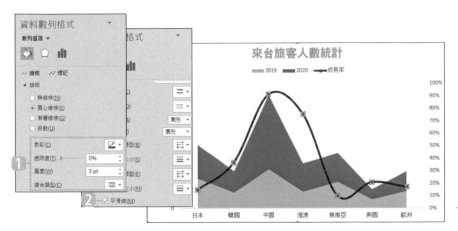

1　選取 "成長率" 資料數列，於開啟的 **資料數列格式** 窗格中選按 🔷 \ **線條**，修改 **色彩** 與 **寬度**。

2　將捲軸往下拖曳，核選 **平滑線** 項目。

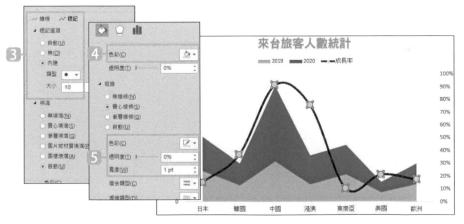

3　選按 **標記**，於 **標記選項** 項目中核選 **內建**，設定 **類型** 與 **大小**。

4　將捲軸往下拖曳，修改 **填滿** 項目中的 **色彩**。

5　於 **框線** 項目中修改 **色彩** 與 **寬度**。

顯示成長率的資料標籤

在折線圖上方標示成長比率的數據。

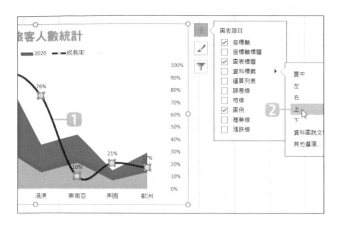

1 選取 "成長率" 資料數列。

2 選按 ⊞ **圖表項目** 鈕 \ **資料標籤** 右側 ▶ 清單鈕 \ **上**。(再選按 ⊞ **圖表項目** 鈕隱藏設定清單)

修改圖表標題

最後將圖表標題修改為「來台旅客成長率分析」，即完成此範例的製作。

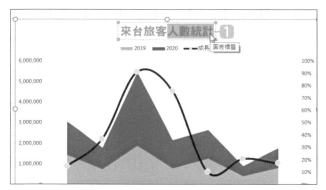

1 選取圖表標題後，選取 "人數統計" 文字。

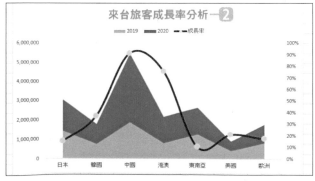

2 輸入「成長率分析」文字後，在空白的儲存格上按一下即完成修改。

主題式圖表應用

生活或工作中有很多機會使用圖表，這裡舉幾個常見的主題式圖表應用實例：家計簿記錄表、員工業績統計分析表、員工薪資費用分析表、商品行銷分析表、商品優勢分析表、商品市場分析表。

將各式圖表類型搭配設計，掌握圖表全應用！

70

家計簿記錄表

圓形圖 　子母圓形圖 　圓形圖帶有子橫條圖

▶ 範例分析

日常生活每月收支除了固定的水、電、房租費用外，還有一些雜支如：伙食、服裝、教育、醫療、交際...等費用。透過「家計簿」可讓每筆收支更清楚。

此份「家計簿」範例中，利用函數加總各類別的收支並自動化日期格式 (函數製作的部分僅簡單說明加總方式，(其他運算可參考各儲存格內的函數或是 "翻倍效率工作術 - Eexcel 必學函數" 一書)，在此要運用最能表現數據占整體比例多寡的 **圓形圖** 分析各項收支占比，整個圓為 100%，各項目的值會被換算為百分比。

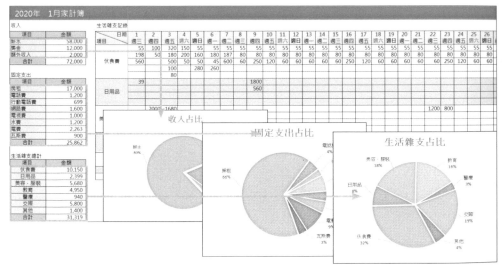

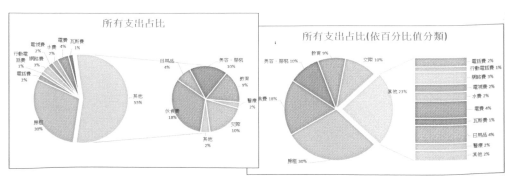

透過函數加總各類別的收入及支出

「家計簿」 範例中，將所有消費數字以 **SUM** 函數分別合計，完成家計簿的運算。

1 "收入" 項目的 "合計" 金額，於 B8 儲存格輸入 **SUM** 函數的運算公式：**=SUM(B5:B7)**。

2 "固定支出" 項目的 "合計" 金額，於 B20 儲存格輸入 **SUM** 函數的運算公式：**=SUM(B12:B19)**。

3 於 B24 儲存格到 B31 儲存格輸入 **SUM** 函數的運算公式，合計 "生活雜支總計" 類別的金額：

伙食費 (B24 儲存格)：**=SUM(E6:AI10)**

日用品 (B25 儲存格)：**=SUM(E11:AI14)**

美容・服裝 (B26 儲存格)：**=SUM(E15:AI18)**

教育 (B27 儲存格)：**=SUM(E19:AI21)**

醫療 (B28 儲存格)：**=SUM(E22:AI23)**

交際 (B29 儲存格)：**=SUM(E24:AI24)**

其他 (B30 儲存格)：**=SUM(E25:AI25)**

合計 (B31 儲存格)：**=SUM(B24:B30)**

4 於 B33 儲存格要加總算出 "月收支合計"，將 "收入" - "固定支出" - "生活雜支總計"，輸入公式：**=B8-B20-B31**。

⑤ 主題式圖表應用

以 "圓形圖" 分析各項收支占比

圓形圖 是最適合分析數據占比的圖表，此「家計簿」範例左側分別有：''收入''、''固定支出''、''生活雜支總計'' 三項主要收支類別，以整個圓形依占比切割的方式可清晰顯示各個項目在總體中的比例。

Step 1 建立 "收入" 的圓形圖

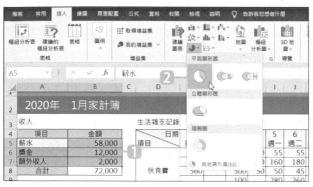

1. 選取 A5 儲存格至 B7 儲存格。

2. 於 **插入** 索引標籤選按 **插入圓形圖或環圈圖 \ 圓形圖**。

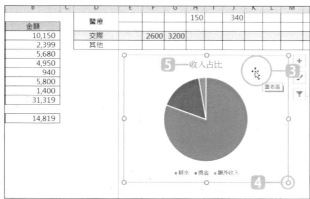

3. 剛建立好的圖表會重疊在資料內容上方，將滑鼠指標移至圖表上方呈 狀時，拖曳圖表移至工作表右側或下方合適的位置擺放。

4. 拖曳圖表物件四個角落控點調整圖表大小。

5. 修改圖表標題。

Step 2 套用合適的圖表樣式與版面配置

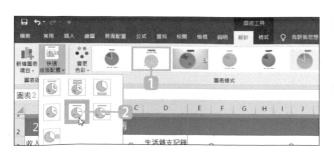

1. 於 **圖表工具 \ 設計** 索引標籤 **圖表樣式** 區中選按合適的圖表樣式套用。

2. 選按 **快速版面配置**，於清單中選按合適的版面配置套用。

調整扇區起始角度與分裂

圓形圖將各項目依占比以扇區呈現在一個完整的圓形中，每個扇區則可以設定間隙與角度。

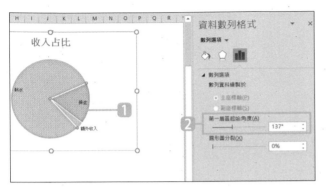

1 於任一扇區上連按二下滑鼠左鍵開啟 **資料數列格式** 窗格。

2 於 📊 \ **數列選項** 項目中，調整 **第一扇區起始角度** 的值可以旋轉圓形圖角度。

Step 4 **調整資料標籤的標註方式**

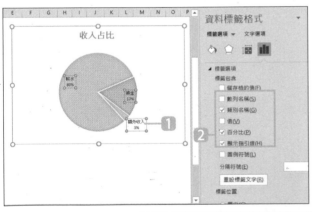

1 於任一資料標籤上連按二下滑鼠左鍵開啟 **資料標籤格式** 窗格。

2 於 📊 \ **標籤選項** 項目中，核選 **類別名稱**、**百分比**、**顯示指引線**。

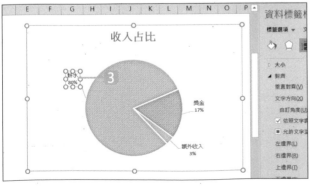

3 一一選按圖表上的資料標籤，拖曳到圓形圖外合適的位置擺放 (會自動出現指引線條)。

⑤ 主題式圖表應用

Step 5 將製作好的圖表存成範本

前面已完成 "收入" 的圓形圖製作,接著將該圖表儲存為範本,製作 "固定支出" 與 "生活雜支總計" 時就可直接開啟範本套用快速完成圓形圖。

1 於圖表上空白區按滑鼠右鍵,選按 **另存為範本**。

2 於預設的指定路徑下,輸入範本名稱後按 **儲存** 鈕。

Step 6 套用範本快速完成 "固定支出" 與 "生活雜支總計" 支出項目的圓形圖圖表

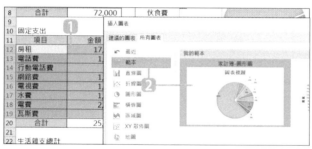

1 選取 A12 儲存格至 B19 儲存格。

2 於 **插入** 索引標籤選按 **建議圖表**,再於 **所有圖表** 標籤選按 **範本 \ 家計簿範本項目**,按 **確定** 鈕。

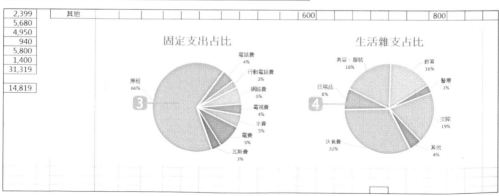

3 套用範本建立的圓形圖已完成了八成,接下來只要微調此圓形圖的大小、位置、圖表標題、數列角度與資料標籤,即可完成 "固定支出占比" 圓形圖圖表。

4 最後,選取 A24 儲存格至 B30 儲存格,同樣的套用範本後再微調一下相關元素即可完成 "生活雜支占比" 圓形圖圖表。

以 "子母圓形圖" 依類別分析支出占比

當圓形圖中有扇區占比較小時，要辨別各個扇區就會顯得很困難，**子母圓形圖** 圖表常用於突顯較小的扇區。此「家計簿」範例中將整合 "固定支出" 與 "生活雜支總計" 二個支出項目資料，透過 **子母圓形圖** 圖表比較所有支出項目的占比。

Step 1　建立 "子母圓形圖"

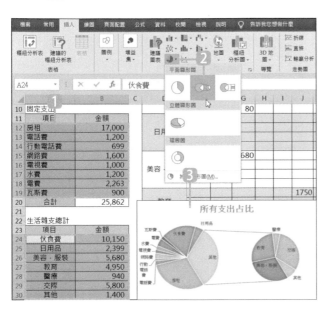

1. 選取 A12 儲存格至 B19 儲存格，按 Ctrl 鍵不放再選取 A24 儲存格至 B30 儲存格。

2. 於 **插入** 索引標籤選按 **插入圓形圖或環圈圖 \ 子母圓形圖**。

3. 同樣的，微調此子母圓形圖的大小、位置、圖表標題、數列角度。

Step 2　調整要於 "子圓形圖" 中呈現的項目

子母圓形圖 會從主圓形圖分離出指定的扇區，再以次要圓形圖來顯示分離的扇區，而在主圓形圖上就以 "其他" 項目名統稱分離的扇區，此處要將 "生活雜支總計" 內的七筆項目整理至子圓形圖。

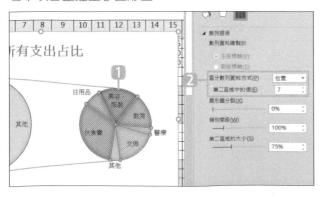

1. 於任一扇區上連按二下滑鼠左鍵開啟 **資料數列格式** 窗格。

2. 於 **□ \ 數列選項** 項目中，設定 **區分數列資料方式：位置**，第二區域中的值：「7」。

⑤ 主題式圖表應用

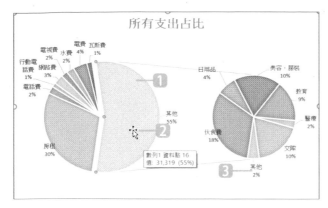

1. 先於任一扇區按一下滑鼠左鍵選取整個母圓形圖，再於 "其他" 扇區上按一下滑鼠左鍵，單獨選取此扇區。

2. 按住 "其他" 扇區不放往外拖曳，分裂出扇區。

3. 最後再微調各資料標籤的位置並加上百分比標註。

以 "圓形圖帶有子橫條圖" 依百分比值分析支出占比

為了讓圓形圖中較小的扇區更顯而易見，常使用 **子母圓形圖** 或 **圓形圖帶有子橫條圖** 的圖表類型呈現，**圓形圖帶有子橫條圖** 同樣的會從主圓形圖分離出較小的扇區，再以堆疊橫條圖顯示分離的扇區。

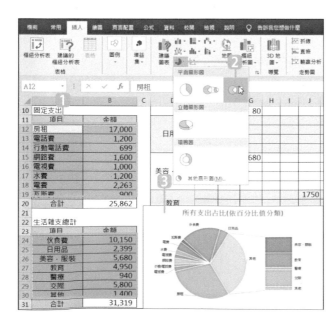

1. 選取 A12 儲存格至 B19 儲存格，按 **Ctrl** 鍵不放再選取 A24 儲存格至 B30 儲存格。

2. 於 **插入** 索引標籤選按 **插入圓形圖或環圈圖 \ 帶有子橫條圖的圓形圖**。

3. 同樣的，微調此子母圓形圖的大小、位置、圖表標題、數列角度。

帶有子橫條圖的圓形圖 會從主圓形圖分離出指定的扇區,再以堆疊橫條圖顯示分離的扇區,而在主圓形圖上就以 **"其他"** 項目名統稱分離的扇區,此處要將支出占比小於 5% 的項目整理至堆疊橫條圖。

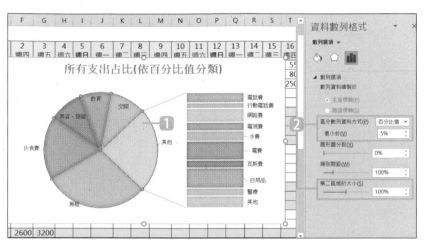

1 於任一扇區上連按二下滑鼠左鍵開啟 **資料數列格式** 窗格。

2 於 ▊▊ \ **數列選項** 項目中,設定 **區分數列資料方式:百分比值**,**值小於:**「5%」,**第二區域的大小:**「100%」(如果項目較多,建議將堆疊橫條圖調大)。

Step 3 調整單一扇區分裂與資料標籤的標註方式

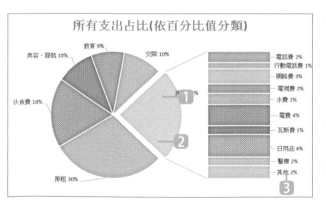

1 先於任一扇區按一下滑鼠左鍵選取整個母圓形圖,再於 "其他" 扇區上按一下滑鼠左鍵,單獨選取此扇區。

2 按住 "其他" 扇區不放往外拖曳,分裂出扇區。

3 最後再微調各資料標籤的位置並加上百分比標註。

快速產生下個月份的家計簿與圖表

前面已設計完成這個月的家計簿與相關圖表，接著可直接複製產生下個月份空白家計簿，只要先複製目前的這個工作表再刪除不需要的數值資料，保留公式與運算式，這樣就是一份新的家計簿。

Step 1　複製出下個月份的家計簿

1　按 Ctrl 鍵不放，以滑鼠指標選按這個已製作完成的 **家計簿-1月** 工作表標籤拖曳至要複製的位置再放開。

2　於 **家計簿-1月(2)** 工作表標籤上連按二下滑鼠左鍵，變更工作表標籤名稱為「家計簿-2月」，再按 Enter 鍵完成工作表名稱變更。別忘了要修改於 B2 儲存格月份的值，在此輸入「2」，即產生了 2 月份的家計簿。

Step 2　清空上個月的收支數值

利用 **特殊目標** 功能，選取每個月都要變更的收支數值，刪除數值資料保留函數公式，這樣就是一份新的家計簿記錄表了。

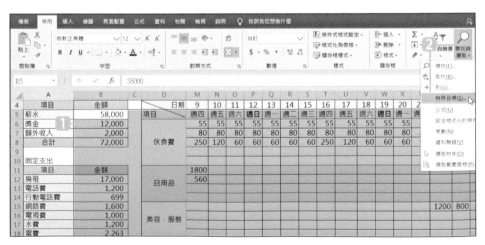

1　選取 B5:AI33 儲存格範圍。

2　於 **常用** 索引標籤選按 **尋找與選取 \ 特殊目標**。

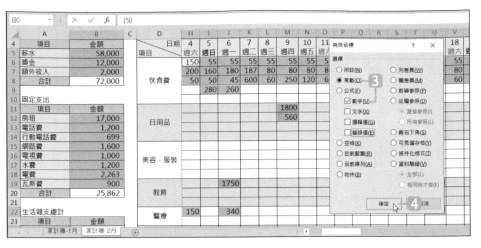

③ 核選 **常數**，再核選 **數字** 並取消核選其他項目。

④ 按 **確定** 鈕完成目標指定後，可以看到選取範圍中的數值資料已全被選取，這時按 **Del** 鍵一次刪除，成為一份新的家計簿。之後只要輸入收、支資料就可完成該月份家計簿的建置。

Step 3 **輸入收、支資料即自動產生相關圖表**

在新的月份中輸入該月的收、支資料後，可看到製作好的圖表會自動呈現相關的數據占比分析。

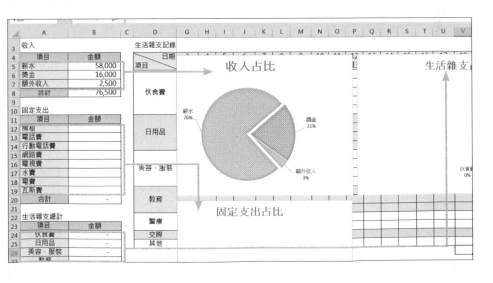

71

員工業績統計分析表

群組長條圖　**XY散佈圖**

範例分析

管理人員如想幫助員工提升業績表現，透過每個月整理的員工業績統計表最能一目了然。

此份「員工業績統計表」範例中有：業績目標、達成業績、達成百分比、業績百分比、達成標示與排名...等欄位，在此要運用直條圖與 XY 散佈圖來分析目標與達成率，讓你有效掌控員工產品銷售能力的表現。

員工編號	員工姓名	業績目標	達成業績	達成百分比	業績百分比	達成標示	依業績金額排名	依達成率排名
AZ0001	蔡佳燕	100 萬	116 萬	116%	8%	達成	4	5
AZ0002	黃安伶	100 萬	98 萬	98%	7%		8	10
AZ0003	蔡文良	150 萬	220 萬	147%	15%	達成	1	2
AZ0004	林毓裕	100 萬	96 萬	96%	6%		9	11
AZ0005	尤宛臻	150 萬	124 萬	83%	8%		3	13
AZ0006	杜美玲	50 萬	55 萬	110%	4%	達成	12	7
AZ0007	陳金瑋	100 萬	105 萬	105%	7%	達成	6	8
AZ0008	賴彥廷	50 萬	105 萬	210%	7%	達成	6	1
AZ0009	楊韋志	50 萬	60 萬	120%	4%	達成	11	4
AZ0010	洪馨儀	100 萬	83 萬	83%	6%		10	12
AZ0011	黃啟吟	100 萬	113 萬	113%	8%	達成	5	6
AZ0012	趙苂峰	50 萬	30 萬	60%	2%		15	15
AZ0013	吳俊毅	50 萬	40 萬	80%	3%		14	14
AZ0014	張佳蓉	50 萬	50 萬	100%	3%	達成	13	9
AZ0015	劉可欣	150 萬	185 萬	123%	13%	達成	2	3

2020.1 員工業績達成率統計

以 "直條圖" 比較目標與達成的值

直條圖 常用於多筆數值需要比較時,此「員工業績統計表」範例將先以 "員工姓名"、"業績目標"、"達成業績" 這三欄的資訊透過直條圖整合呈現,可以看出目前有哪幾位員工達成業績目標。

▲	A	B	C	D	E	F	G
3		①					
4	員工	員工姓名	業績目標	達成業績	達成百分比	業績百分比	達成標示
5	A20001	栥佳燕	100 萬	116 萬	116%	8%	達成
6	A20002	黃安伶	100 萬	98 萬	98%	7%	
7	A20003	栥文良	150 萬	220 萬	147%	15%	達成
8	A20004	林楷裕	100 萬	96 萬	96%	6%	
9	A20005	尤宛臻	150 萬	124 萬	83%	8%	
10	A20006	杜美玲	50 萬	55 萬	110%	4%	達成
11	A20007	陳金瑋	100 萬	105 萬	105%	7%	達成
12	A20008	賴彥廷	50 萬	105 萬	210%	7%	達成
13	A20009	楊基志	50 萬	60 萬	120%	4%	達成
14	A20010	洪馨儀	100 萬	83 萬	83%	6%	
15	A20011	黃啟吟	100 萬	113 萬	113%	8%	達成
16	A20012	趙成峰	50 萬	30 萬	60%	2%	
17	A20013	吳俊毅	50 萬	40 萬	80%	3%	
18	A20014	張佳瑩	50 萬	50 萬	100%	3%	達成
19	A20015	劉可欣	150 萬	185 萬	123%	13%	達成
20	合計	15		1480		100%	
21							

1. 選取 B4 儲存格至 D19 儲存格,於 **插入** 索引標籤選按 **插入直條圖或橫條圖\群組直條圖**。

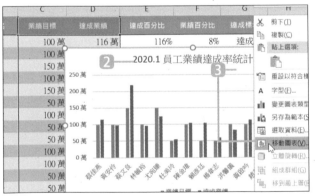

2. 修改圖表標題。

3. 於圖表上空白處按一下滑鼠右鍵,選按 **移動圖表**。

4. 核選 **新工作表**,輸入工作表名稱:「員工業績達成率分析」,再按 **確定** 鈕。

以 "XY散佈圖" 呈現 "達成業績" 的起伏

XY散佈圖 主要用來比較不均勻測量間隔資料的變化，將 "達成業績" 長條數列改成以 XY散佈圖的端點呈現，"達成業績" 與 "達成目標" 的關係更為明顯。

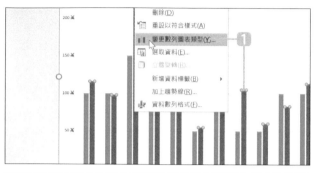

1. 於 "達成業績" 長條數列上按一下滑鼠右鍵，選按 **變更數列圖表類型**。

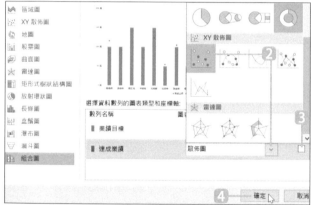

2. 於 **組合圖** 項目，**達成業績** 數列按 **圖表類型** 清單鈕，於清單中選按 **XY散佈圖 \ 散佈圖**。

3. 取消核選其 **副座標軸** 項目。

4. 按 **確定** 鈕。

這樣一來 "達成業績" 數列就變更為 XY 散佈圖，其預設為小圓點的設計，為了讓數列呈現的更為明顯，在此要先加寬 "業績目標" 長條數列的寬度：

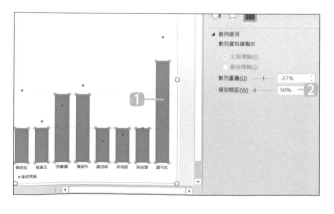

1. 於 "業績目標" 長條數列上連按二下滑鼠左鍵開啟 **資料數列格式** 窗格。

2. 於 **📊 \ 數列選項**，設定 **類別間距：「50%」**，加寬數列的寬度。

加上 XY 端點的誤差線強化 "達成業績" 顯示

你可以為直條圖、折線圖、XY 散佈圖或泡泡圖...等圖表中的資料數列加上誤差線，**誤差線** 類似科學實驗結果中顯示的正和負可能誤差量，而在此範例則是要運用誤差線強化顯示 XY 散佈圖的端點。

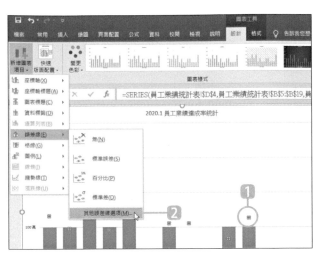 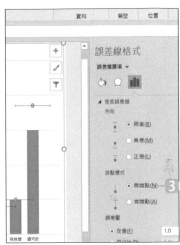

1️⃣ 選按圖表上的 XY 散佈圖的數列小圓點。

2️⃣ 於 **圖表工具 \ 設計** 索引標籤選按 **新增圖表項目 \ 誤差線 \ 其他誤差線選項**。

3️⃣ 於 **誤差線格式** 窗格，📊 \ **垂直誤差線** 項目中，設定 **終點樣式：無端點**。

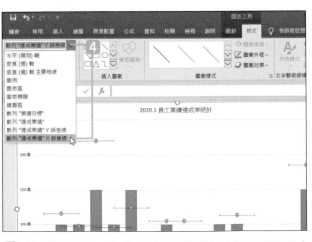 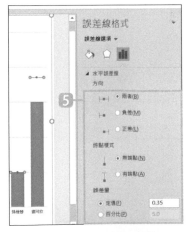

4️⃣ 於 **圖表工具 \ 格式** 索引標籤選按圖表項目清單中的 **數列 "達成業績" X 誤差線**。

5️⃣ 於 **誤差線格式** 窗格，📊 \ **水平誤差線** 項目中，設定 **終點樣式：無端點**，定值：「0.35」。

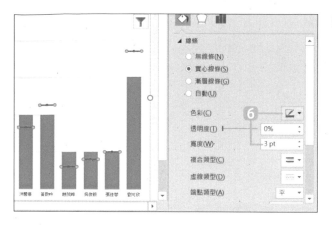

6 於 ▥ \ 線條，設定 色彩：挑選合適的色彩，寬度：「3pt」。

接著將代表 "達成業績" 數列的小圓點隱藏到誤差線之中：

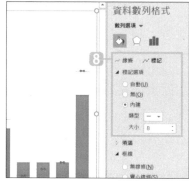

7 於 圖表工具 \ 格式 索引標籤選按圖表項目清單中的數列 "達成業績"。

8 於 資料數列格式 窗格，▥ \ 標記 \ 標記選項 項目中，核選 內建，並設定 類型 與 大小。(不選 無，選 無 在圖例中會無法顯示圖例。)

用資料標籤顯示 "達成業績"、"達成百分比" 與 "業績目標" 的值

前面的調整已將 "達成業績" 長條數列設計為以 XY 散佈圖的誤差線來呈現，接著於誤差線上利用資料標籤顯示 "達成業績" 與 "達成百分比" 的值。

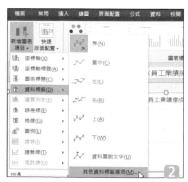

1 於 圖表工具 \ 格式 索引標籤選按圖表項目清單中的數列 "達成業績"。

2 於 圖表工具 \ 設計 索引標籤，選按 新增圖表項目 \ 資料標籤 \ 其他資料標籤選項。

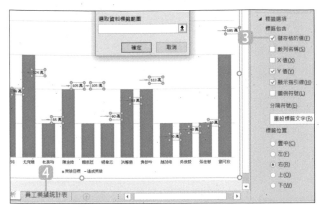

3 於 **資料標籤格式** 窗格，
📊 \ **標籤選項** 項目中核選
儲存格的值。

4 **資料標籤範圍** 對話方塊開
啟狀態下，選按 **員工業績
統計表** 工作表。

5 於 **員工業績統計表** 工作
表拖曳選取資料內容來源
範圍 E5:E19 儲存格。

6 回到對話方塊中按 **確定** 鈕。

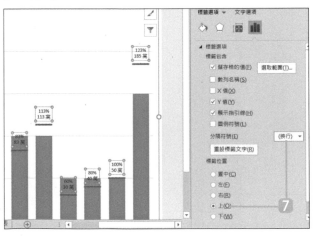

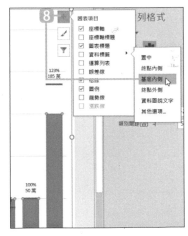

7 回到圖表會發現原本僅顯示 "達成業績" 值的資料標籤，多了 "達成百分比" 的
值，於 **資料標籤格式** 窗格 📊 \ **標籤選項** 項目中設定 **分隔符號：換行**、**標籤位
置：上**。

8 最後設定藍色 "業績目標" 數列也顯示資料標籤，選取 "業績目標" 數列，選按 ➕
圖表項目 鈕 \ **資料標籤** 右側 ▸ 清單鈕，選按 **基底內側**。(再按一次 ➕ 鈕可隱藏
該清單)

去除會干擾的圖表元素、強調重點

圖表的基本組成元素：座標軸、圖例、格線...等，常用於輔助圖表的瀏覽，但有時適當的隱藏或簡化圖表元素，可以強調圖表內主要的數列與數據，透過圖表視覺化的表現讓資料更為清楚。

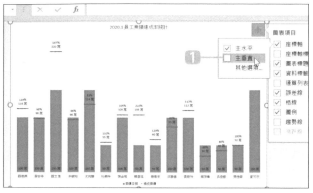

1️⃣ 選取圖表後，選按 ➕ **圖表項目** 鈕 \ **座標軸** 右側 ▸ 清單鈕，取消核選 **主垂直**。

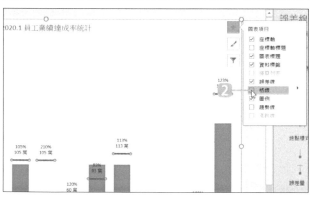

2️⃣ 選按 ➕ **圖表項目** 鈕 \ 取消核選 **格線**。(再按一次 ➕ 鈕可隱藏該清單)

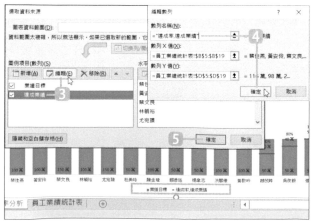

3️⃣ 編修圖例說明讓圖表瀏覽時更為明瞭，於 **圖表工具 \ 設計** 索引標籤選按 **選取資料**，接著選取 **達成業績** 項目後按 **編輯** 鈕。

4️⃣ 於 **數列名稱** 欄位中輸入：「="達成率,達成業績"」，按 **確定** 鈕。

5️⃣ 再按 **確定** 鈕完成調整。

72

員工薪資費用分析表

折線圖 **堆疊直條圖**

▶ 範例分析

企業人力資源管理包括了員工的招募與選拔、培訓與開發、績效管理、薪酬管理、員工流動管理、員工安全與健康管理…等，就財務面來說，薪資控管是很重要的一環，從各部門薪資明細匯整的資料中可以整理出各部門薪資費用與總額的比較。

此份「員工薪資表」範例中有：員工編號、姓名、部門、底薪、全勤獎金、績效獎金…等欄位，在此會先透過樞紐分析並引用這些數據資料，製作出一份營運費用支出的最佳分析圖表。

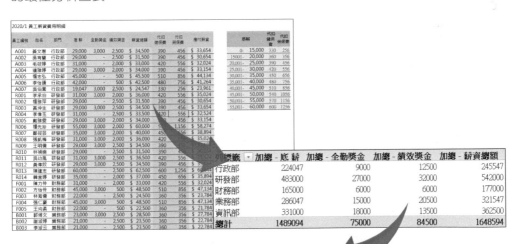

列標籤	加總 - 底 薪	加總 - 全勤獎金	加總 - 績效獎金	加總 - 薪資總額
行政部	224047	9000	12500	245547
研發部	483000	27000	32000	542000
財務部	165000	6000	6000	177000
業務部	286047	15000	20500	321547
資訊部	331000	18000	13500	362500
總計	1489094	75000	84500	1648594

各部門薪資費用比較表

	行政部	研發部	財務部	業務部	資訊部
加總 - 績效獎金	12500	32000	6000	20500	13500
加總 - 全勤獎金	9000	27000	6000	15000	18000
加總 - 底 薪	224047	483000	165000	286047	331000
加總 - 薪資總額	245547	542000	177000	321547	362500

部門 ▼

⑤ 主題式圖表應用

以樞紐分析圖整理繁雜的數據

面對筆數眾多數據繁雜的明細內容，樞紐分析表、圖是一項很好的工具，不但可有效率的分類整理出視覺化圖表，若過程中需要重新調整各資料間的關係也可透過樞紐分析的欄位清單輕鬆變更。

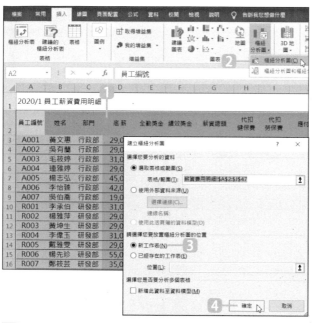

1. 選取製作樞紐分析表的資料內容來源範圍 A2:J47 儲存格。

2. 於 **插入** 索引標籤選按 **樞紐分析圖 \ 樞紐分析圖** 開啟對話方塊。

3. 選擇要放置樞紐分析表的位置，在此核選 **新工作表**。

4. 按 **確定** 鈕。

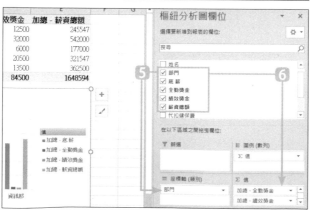

5. 將 **部門** 欄位拖曳至 **座標軸** 區域中。

6. 將 **底薪、全勤獎金、績效獎金、薪資總額** 欄位一一拖曳至 **值** 區域，並如圖排列前後順序。(樞紐分析的詳細操作說明可參考 Part 6)

隱藏樞紐分析表資料

雖然指定要產生樞紐分析圖，但相關的報表還是會自動產生在工作表上方，為突顯圖表內容，在此將報表資料先隱藏起來。

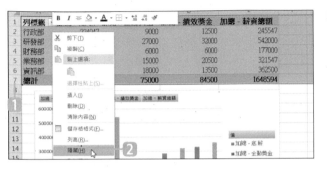

1. 將滑鼠指標移至左側 1 列號上 (呈黑色箭頭狀) 拖曳至 7 列號，選取整個報表的列。

2. 於選取的區域上按一下滑鼠右鍵，選按 **隱藏**。

變更為組合圖的圖表類型

樞紐分析圖表預設會依數據資料產生直條圖圖表，在此要將這份圖表設計為折線圖及堆疊直條圖的組合圖圖表。

Step 1 變更圖表類型

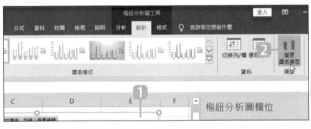

1. 選取圖表。

2. 於 **樞紐分析圖工具 \ 設計** 索引標籤，選按 **變更圖表類型**。

3. 選按 **組合圖** 項目。

4. 將 **加總-薪資總額** 項目的圖表類型指定為：**含有資料標記的折線圖**。

5. 將 **加總-底薪、加總-全勤獎金、加總-績效獎金** 三個項目的圖表類型指定為：**堆疊直條圖**。(所有項目的 **副座標軸** 項目均不核選)

6. 按 **確定** 鈕。

為組合圖圖表套用合適的版面與項目

組合圖圖表是由二種以上的圖表組合而成，搭配上合適的版面配置與圖表項目才能讓組合圖圖表發揮其最大的效能。

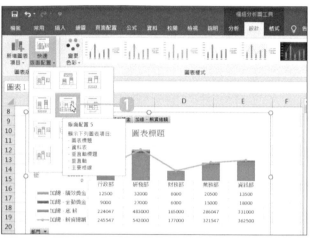

1. 於 **樞紐分析圖工具 \ 設計** 索引標籤，選按 **快速版面配置 \ ** 選擇合適的版面配置 (此例為 **版面配置 5**)，這樣下方就會有各數列的詳細數據資料。

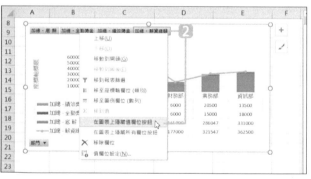

2. 隱藏圖表上方的值欄位按鈕：於圖表上方的值欄位按鈕上按一下滑鼠右鍵，選按 **在圖表上隱藏值欄位按鈕**。

3. 選取圖表標題物件，輸入：「各部門薪資費用比較表」。

4. 選取圖表垂直軸標題物件，輸入：「金額」，並套用 **常用 \ 方向 \ 垂直文字** 格式。

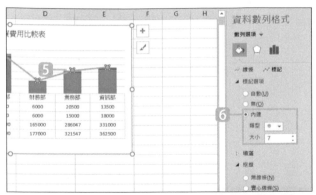

5 於 **加總-薪資總額** 折線圖數列上連按二下滑鼠左鍵。

6 於 **資料數列格式** 窗格，◇ \ **標記** \ **標記選項** 項目中，核選 **內建**，並設定 **類型** 與 **大小**。

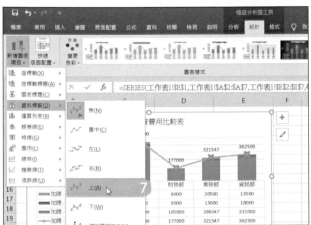

7 同樣選取 **加總-薪資總額** 折線圖數列的情況下，於 **樞紐分析圖工具** \ **設計** 索引標籤，選按 **新增圖表項目** \ **資料標籤** \ **上**。

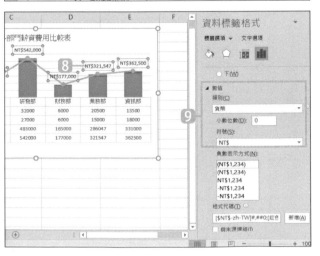

8 調整資料標籤的數值格式：於 **加總-薪資總額** 折線圖數列的資料標籤上按連二下滑鼠左鍵。

9 於 **資料標籤格式** 窗格，▥ \ **數值** 項目中設定 **類別：貨幣**，小數位數：「0」，符號：**NT$**。

73

商品行銷分析表

立體泡泡圖

● 範例分析

新品上市總是花大筆預算在廣告行銷上，然而廣告並非商品行銷唯一要做的事，成功的商品行銷必須具備商品力、市場力、傳播力。以商品與市場而言，好的商品才能在市場上衝鋒陷陣爭取勝利；以商品與傳播而言，好的商品加上好的廣告，才能無往不利馬到成功。大多數的公司會採取生產多樣產品的方式來分散商品風險，然而過多的產品項目反而會造成公司的負擔，這時可透過 BCG 矩陣分析各商品市場佔有率及市場成長性，提供公司商品決策的參考。

此份 「商品行銷分析」 範例中共有五項商品要評估，透過 BCG 矩陣呈現可以更直觀的看出產品是否值得繼續投資。

商品型號	上期營業額	本期營業額	市場規模	市場佔有率	市場成長率
商品A	900	1,056	6,600	16.00%	17.33%
商品B	1,050	1,870	11,320	16.52%	78.10%
商品C	2,200	2,600	4,600	56.52%	18.18%
商品D	3,400	5,780	12,710	45.48%	70.00%
商品E	1,961	3,600	4,980	72.29%	83.58%
合計	9,511	14,906	40,210		

產品分析　　2020年營業額 (單位: 新台幣百萬元)

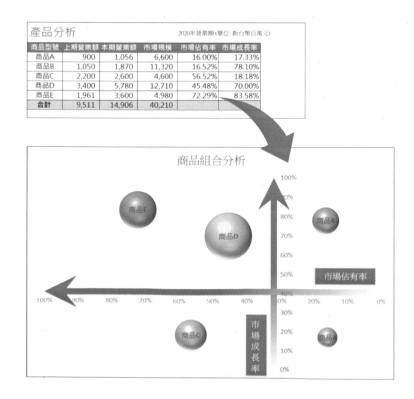

認識 BCG 矩陣與產品佈局思考

商品不是多就好，如何判斷出堅強的產品組合？如何讓公司將研發與行銷資源做最佳分配，以產生最大利潤？BCG 矩陣 (BCG Growth-Share Matrix \ BCG 成長佔有率矩陣) 是在 1970 年由 Boston Consulting Group 所提出，主要目的是協助企業評估與分析其現有產品線，作為商品行銷策略的基礎。

BCG 矩陣橫軸為 "市場佔有率"，縱軸為 "市場成長率"，依據這二個因素以橫軸與縱軸的方式分成四個象限，而此四個象限分別代表四種不同類型的產品：問題 (Question Marks)、明星 (Stars)、金牛 (Cash Cows) 與狗 (Dogs)，公司可依產品實際坐落在哪個象限進行分析，作為行銷策略與資源分配上的依據。

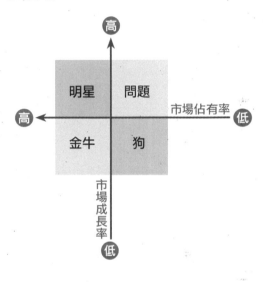

商品的發展過程，一般而言均會依序經歷：問題、明星、金牛、狗，這四個階段。依據商品所處的象限可以採取不同的策略與投資考量：

象限	情況	策略	獲利性	投資金額
明星	成長率高 佔有率高	資金上可以自給自足，又可為公司創造成長，具有成為金牛產品的明日之星。 建議投入現金擴大市場占有率，並保持明星級產品的競爭優勢。	高	多
金牛	成長率低 佔有率高	會產生現金流量（即可擠出牛奶）的產品，建議持續產生並可創造現金以投入其他事業。	高	少
問題	成長率高 佔有率低	發展空間大，但需擴大市場占有率，將問題產品提升其競爭優勢，使其成為明星級產品。	低或負值	非常多
		或抽資直接放棄。	低或負值	不投資
狗	成長率低 佔有率低	獲利低，但相對的資金投入量也低，建議逐漸放棄或是賣出狗級產品。	低或負值	不投資

透過函數算出 "市場佔有率" 與 "市場成長率"

「商品行銷分析」 範例中，工作表內已輸入五項商品的相關資料數據，其中 "市場佔有率" 與 "市場成長率" 則是透過函數運算。

- 市場佔有率 = 產品銷量 ÷ 同行業該產品總銷量

- 市場成長率 = [本期市場銷售額 − 前期市場銷售額] ÷ 前期市場銷售量

1 商品 A 的 "市場佔有率" 值：於 E3 儲存格輸入函數的運算公式：=C3/D3。

2 於 E3 儲存格，按住右下角的 **填滿控點** 往下拖曳，至最後一項商品 E7 儲存格再放開滑鼠左鍵，可快速求得其他商品的 "市場佔有率" 值。

3 商品 A 的 "市場成長率" 值：於 F3 儲存格輸入函數的運算公式：=(C3-B3)/B3。

4 於 F3 儲存格，按住右下角的 **填滿控點** 往下拖曳，至最後一項商品 F7 儲存格再放開滑鼠左鍵，可快速求得其他商品的 "市場成長率" 值。

以 "泡泡圖" 分析多項商品的行銷策略

泡泡圖 是散佈圖的變化，在泡泡圖中資料點會以泡泡取代，資料的數量是由泡泡大小顯示。泡泡圖常運用在企業管理的多角化行銷決策中，可快速產生 BCG 矩陣圖表。

Step 1　建立泡泡圖

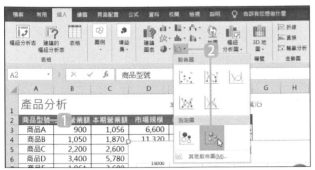

1. 選取 A2 儲存格。

2. 於 **插入** 索引標籤選按 **插入 XY 散佈圖或泡泡圖 \ 立體泡泡圖**。

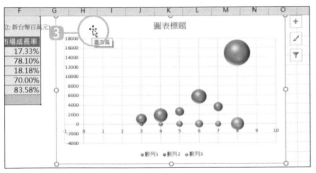

3. 剛建立好的圖表會重疊在資料內容上方，將滑鼠指標移至圖表上方呈 ⁣ 狀時拖曳，將圖表移至工作表右側合適的位置擺放。(拖曳圖表物件四個角落控點調整圖表大小。)

Step 2　取得正確的數據資料

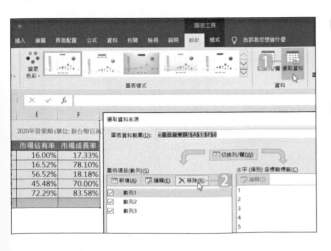

1. 目前圖表內容不是需要的資料，因此於 **圖表工具 \ 設計** 索引標籤選按 **選取資料**。

2. 於 **選取資料來源** 對話方塊中選按 **圖例項目** 內的 **移除** 鈕三次，移除目前清單中的數列。

3. 按 **新增** 鈕，新增數列資料。

4. 於 BCG 矩陣中，X 軸的值需為 "市場佔有率"、Y 軸的值需為 "市場成長率"，而 "本期營業額" 則為用來表現泡泡的大小。因此於 **數列名稱** 輸入：「="商品組合分析"」，**數列 X 值** 中選取 **產品營業額** 工作表 E3:E7 儲存格範圍，**數列 Y 值** 中選取 **產品營業額** 工作表 F3:F7 儲存格範圍，**數列泡泡大小** 中選取 **產品營業額** 工作表 C3:C7 儲存格範圍，設定好後按 **確定** 鈕。

5. 按 **確定** 鈕。

Step 3 調整圖表項目

初步完成正確的資料來源指定之後，還需稍加調整這個圖表的設計，以更符合 BCG 矩陣的特性，在此先取消 **格線** 與 **圖例** 這二個圖表項目。

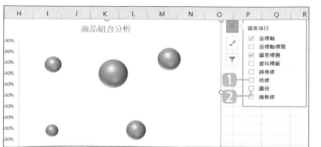

1. 選取圖表後，選按 ⊞ **圖表項目** 鈕 \ 取消核選 **格線**。

2. 選取圖表後，選按 ⊞ **圖表項目** 鈕 \ 取消核選 **圖例**。(再按一下 ⊞ **圖表項目** 鈕可隱藏清單)

調整水平、垂直座標軸交叉位置產生四個象限

BCG 矩陣的特性包含了由 X、Y 軸為分析界線分隔出來的四個象限 (此例假設：市場佔有率 32% 和市場成長率 41% 為分析界線)，X 軸的值由右而左愈來愈大，而 Y 的值由下而上愈來愈大，現在就依這些特性進行圖表座標軸的調整。

Step 1 **調整水平、垂直軸範圍與位置**

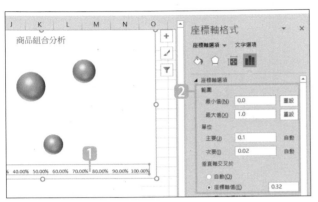

1. 於水平座標軸上連按二下滑鼠左鍵開啟 **座標軸格式** 窗格。

2. 於 📊 \ **座標軸選項** 項目中，設定 **最小值**：「0」，**最大值**「1」，主要：「0.1」，次要：「0.02」，**座標軸值**：「0.32」。

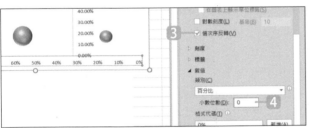

3. 核選 **值次序反轉**。

4. 於 **數值** 項目中，設定 **小數位數**：「0」。

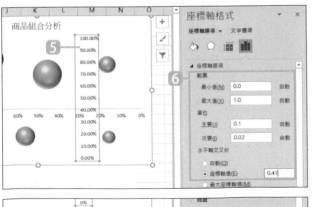

5. 於垂直座標軸上連按二下滑鼠左鍵開啟 **座標軸格式** 窗格。

6. 於 📊 \ **座標軸選項** 項目中，設定 **最小值**：「0」，**最大值**「1」，座標軸值：「0.41」。

7. 於 **數值** 項目中，設定 **小數位數**：「0」。

調整水平、垂直軸的設計

前面已將 X、Y 軸設計為交叉方式呈現，接著利用色彩與線條樣式加強 X、Y 軸分析
界線的視覺效果。

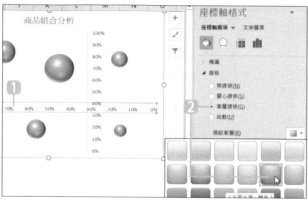

1 於水平座標座軸上連按二下滑鼠左鍵開啟 **座標軸格式** 窗格。

2 於 🖌 \ 線條 項目中，核選 **漸層線條**，設定 **預設漸層：上方聚光燈-輔色 5**。

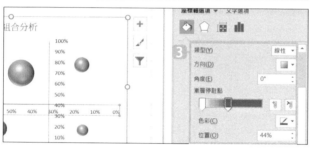

3 設定 **類型：線性，角度：「0°」，漸層停駐點** 如圖調整。

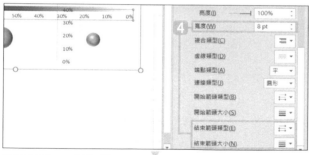

4 設定 **寬度：「8pt」，結束箭頭類型：箭鏃型箭頭，結束箭頭大小：右箭頭大小 9**。

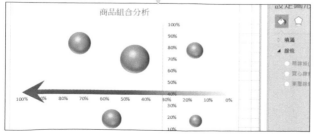

◁ 調整水平軸後呈現的效果。

146

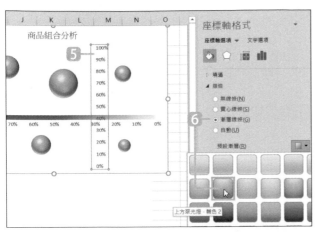

5 於垂直座標軸上連按二下滑鼠左鍵開啟 **座標軸格式** 窗格。

6 於 \ 線條 項目中，核選 **漸層線條**，設定 **預設漸層：上方聚光燈-輔色 2**。

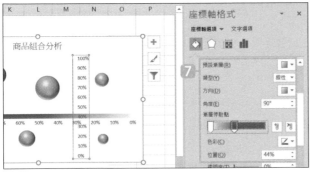

7 設定 **類型：線性**，角度：「**90°**」，**漸層停駐點** 如圖調整。

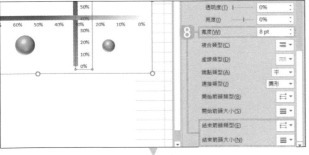

8 設定 **寬度：「8pt」**，結束箭頭類型：箭鏃型箭頭，結束箭頭大小：右箭頭大小 **9**。

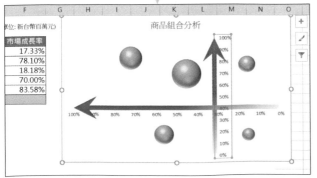

◀ 調整垂直軸完成後的效果。

最後分別調整水平、垂直座標軸上的數值色彩，以搭配水平、垂直座標軸的色彩，即完成 BCG 矩陣的分析界線設計。

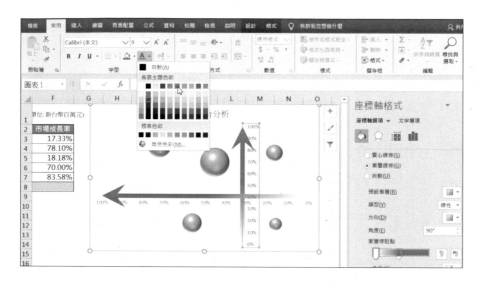

為泡泡標上相對的產品名稱

圓圓的泡泡散佈在圖表上，沒有圖例說明的情況下實在分不出來到底是代表了哪一個產品，這時就要透過資料標籤標註。

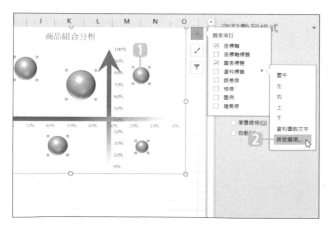

1. 選取圖表上的泡泡數列。

2. 選按 ➕ **圖表項目** 鈕 \ **資料標籤** 右側 ‣ 清單鈕，選按 **其他選項**，開啟 **資料標籤格式** 窗格。

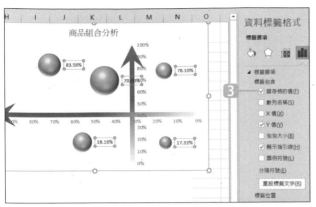

3 於 \標籤選項 項目中核選 儲存格的值。

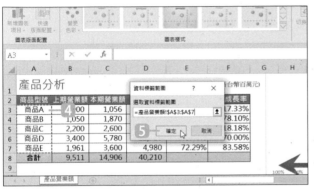

4 資料標籤範圍 對話方塊開啟狀態下，於 產品營業額 工作表拖曳選取資料內容來源範圍 A3:A7 儲存格。

5 回到對話方塊中按 確定 鈕。

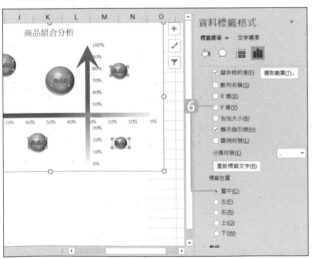

6 回到圖表，於 資料標籤格式 窗格 \標籤選項 項目中取消核選 Y 值 項目，並設定 標籤位置：置中。

讓泡泡自動分色

最後，如果覺得圖表上的泡泡都同一個顏色，較不易區分出各個產品項目，可以一一點選泡泡再指定填滿的顏色，或是依如下操作自動上色。

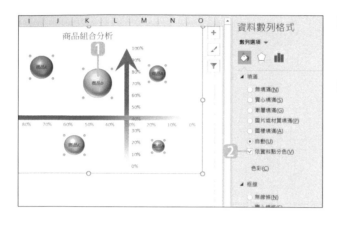

1. 於泡泡數列上連按二下滑鼠左鍵開啟 **資料數列格式** 窗格。

2. 於 🎨 \ **填滿** 項目中，核選 **依資料點分色**。

為分析界線加上文字標註

此圖表基本上已完成，再做一些設計可以讓這份 BCG 矩陣更顯專業。

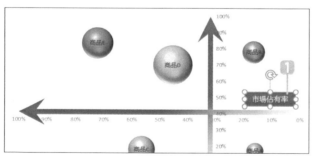

1. 於 **插入** 索引標籤選按 **文字方塊** 清單鈕 \ **繪製水平文字方塊**，拖曳出文字方塊並輸入文字「市場佔有率」，將此文字方塊放在水平軸起始處，再如圖設定文字格式、色彩與填入色彩。

2. 於 **插入** 索引標籤選按 **文字方塊** 清單鈕 \ **垂直文字方塊**，拖曳出文字方塊並輸入文字「市場成長率」，將此文字方塊放在垂直軸起始處，再如圖設定文字格式、色彩與填入色彩。

範例分析

新商品沒有行銷的慣例可遵循，想要賣得更多更好，只能挖掘出商品本身的優勢與特色，再規劃各種行銷策略及手段，以提升消費者的購買欲望，促進銷售。

許多公司會用網路或問卷市調的方式瞭解該商品所面對的市場，一方面可以知道潛在客戶對新商品的需求性，另一方面也可藉此宣傳新商品。得知商品的優點就必須加以宣傳增加業績；略差的部分就需改進才能搶得未來市場。這樣一來，在市調分析後公司可更準確的擬定商品的行銷策略，不僅效率加倍也可減少預算壓力。

此份「商品優勢分析」範例，目前建置在工作表中的是六項商品的問卷明細數據，待透過 Excel 中的 **小計** 功能統合整理這些複雜的數據資料後，再運用 **雷達圖** 圖表分析出各個商品的優缺點。

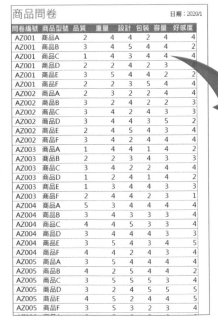

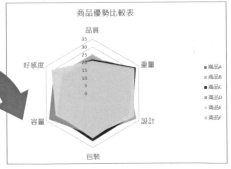

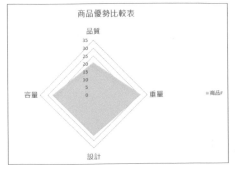

透過 "小計" 整理多筆問卷資料

Excel 的 **小計** 功能可以在欲整理的資料範圍中,快速歸納資料群組,並於上方或下方新增空白列自動產生小計與總計數據。(在執行小計之前,一定要先為基準欄排序,將相同資料排列在一起,運算結果才會正確。)

1. 選取 B3 儲存格,在此以 "商品型號" 做為小計的基準欄。

2. 於 B3 儲存格上按一下滑鼠右鍵,選按 **排序 \ 從 A 到 Z 排序**。

3. 於 **資料** 索引標籤選按 **小計** 開啟對話方塊。

4. 設定 **分組小計欄位:商品型號、使用函數:加總**,並核選 **品質、重量、設計、包裝、容量、好感度** 六個選項。

5. 按 **確定** 鈕。

TIPS

小計的 "使用函數" 清單計算方式

使用函數 清單中,有著不同的計算方式,如:**加總、項目個數、平均值、最大值、最小值、乘積**...等可以使用。

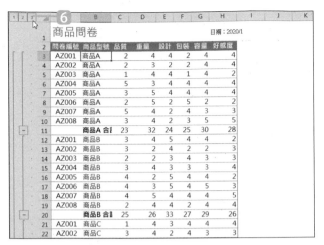

6 **小計** 設定好後，於左側出現一個大綱模式，當選按 3 時，會顯示分類統計好的全部資料。

7 選按 2 時僅顯示類別選項的合計值與總計資料。

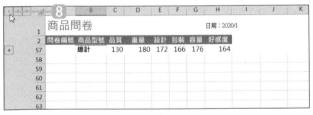

8 選按 1 時僅顯示總計資料。

TIPS

取消小計功能

於 **資料** 索引標籤選按 **小計** 開啟對話方塊，按 **全部移除** 鈕取消目前工作表中套用的 **小計** 功能。

以 "雷達圖" 分析出各個商品的優缺點

雷達圖 可以比較多個品項的彙總值，因為外形也被稱為蜘蛛圖或星狀圖，沿著圖表中心開始而在外環結束的不同座標軸來繪製每個類別的值。

Step 1 建立雷達圖

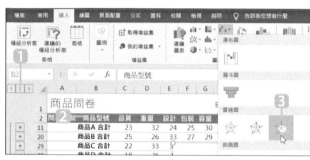

1 選按 ②，僅顯示類別選項的合計值與總計資料。

2 選取 B2:H56 儲存格。

3 於 **插入** 索引標籤選按 **插入瀑布圖、漏斗圖、股票圖、曲面圖或雷達圖 \ 填滿式雷達圖**。

4 剛建立好的圖表會重疊在資料內容上方，將滑鼠指標移至圖表上方呈 狀時拖曳，將圖表移至工作表右側合適的位置擺放。(拖曳圖表物件四個角落控點調整圖表大小。)

5 選取圖表後，選按 **图 圖表項目** 鈕 \ **圖例** 右側 ▶ 清單鈕 \ **右**，並微調各圖表項目的大小與位置。

Step 2 取得正確的數據資料

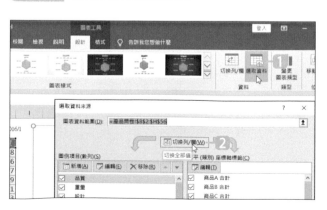

1 想將產品型號以圖說呈現，因此於 **圖表工具 \ 設計** 索引標籤選按 **選取資料**。

2 於 **選取資料來源** 對話方塊先按 **切換列/欄** 鈕，將列與欄的數列資料互換。

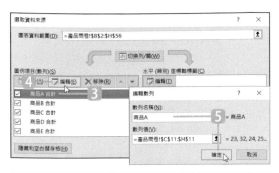

3 選按 **圖例項目** 內的 **商品A 合計**。

4 選按 **編輯** 鈕。

5 於 **編輯數列** 對話方塊，**數列名稱** 輸入：「**商品A**」，**數列值** 維持不變，按 **確定** 鈕。

6 依相同的方法編輯 **商品B**、**商品C**、**商品D**、**商品E**、**商品F** 的數列名稱，完成編輯後按 **確定** 鈕。

Step 3 調整雷達圖格線與數列色塊的呈現

調整好圖表的來源後，可以看到這個商品優勢比較雷達圖漸漸成形了，外圍類別標籤顯示為:"品質"、"重量"、"設計"、"包裝"、"容量"、"好感度" 這幾個比較項目，而內圍的色塊則代表了 "商品A"、"商品B"、"商品C"、"商品D"、"商品E"、"商品F"，然而在視覺上還需要微調，讓雷達圖更易辨識各個商品項目，接著動手調整文字的格式與數列色塊的色彩：

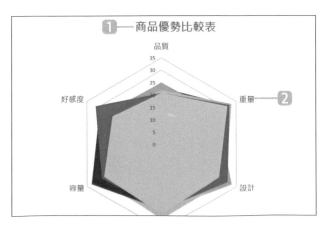

1 輸入圖表標題文字：「商品優勢比較表」，再於 **常用** 索引標籤設定字型樣式。

2 選取類別標籤，於 **常用** 索引標籤修改 **字型：微軟正黑體**、**字型大小：**12。

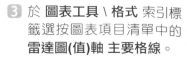

3 於 **圖表工具 \ 格式** 索引標籤選按圖表項目清單中的 **雷達圖(值)軸 主要格線**。

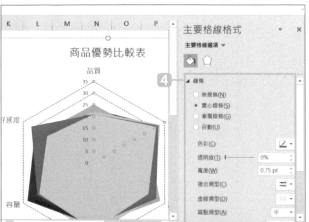

4 在選取的格線上連按二下滑鼠左鍵開啟 **主要格線格式** 窗格，於 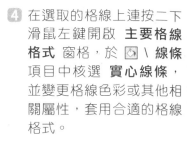 \ **線條** 項目中核選 **實心線條**，並變更格線色彩或其他相關屬性，套用合適的格線格式。

5 於 **圖表工具 \ 格式** 索引標籤選按圖表項目清單中的 **數列 "商品A"**。

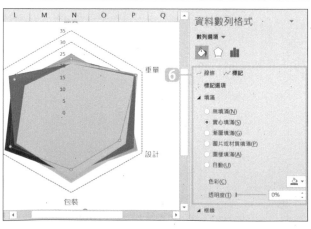

6 於 **資料數列格式** 窗格， \ **標記 \ 填滿** 項目中核選 **實心填滿**，並指定 "商品A" 合適的色彩、透明度或其他相關屬性。

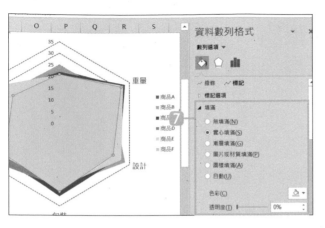

7 依相同的方式變更其他商品的資料數列格式，套用合適的色彩。

分析特定商品的優勢

因為要比較的產品太多，層層疊在一起而無法清楚了解每個商品的優勢與缺點，這時可透過圖表的篩選功能，分析特定商品：

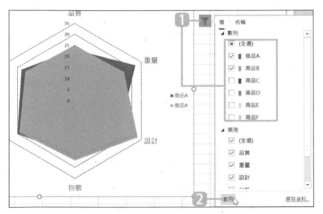

1 選取圖表，選按 ▼ **圖表篩選** 鈕，於 **值 \ 數列** 清單中核選需要分析的特定商品項目 (多選或單選均可)，取消核選其他商品項目。

2 按 **套用** 鈕，就可針對指定的商品項目進行比較。

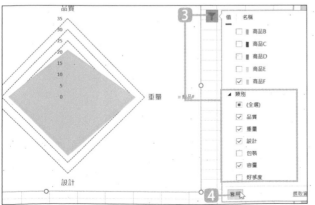

3 也可選按 ▼ **圖表篩選** 鈕，於 **值 \ 類別** 清單中核選需要分析的特定類別項目 (多選或單選均可)，取消核選其他項目。

4 按 **套用** 鈕，就可比較指定的類別項目。(再選按 ▼ 鈕可隱藏清單)

商品市場分析表

群組直條圖　對稱橫條圖　環圈圖　百分比堆疊橫條圖

範例分析

"市場分析" 是根據市場調查資料 (收集消費者購買和使用商品的事實、意見、動機...等相關資訊)，進而有系統地記錄、整理和分析，以瞭解商品的潛在銷售量，並有效安排商品之間合理分配。

此份「商品市場分析」範例，要分析該公司的八大類圖書銷售市場，以常見的市場影響三元素："類型"、"性別" 與 "年齡" 進行調查。

市場定位分析-銷量占比：透過 **直條圖** 圖表可看出近三年來圖書銷售市場起伏不大甚至有減少的狀況，而有成長的類別是："藝術設計"、"語言電腦"、"生活風格"、"親子共享" 類的書籍，其中大環境食安議題而帶動的購書動機想必也是一項很大的影響因素 (食譜、養身、健身...)，然而所有類別中 "文學小說" 類雖無成長但仍是最熱門的圖書類別。透過近年銷量起伏圖表取得的資訊，企業可以列出影響產品市場和顧客購買行為的各項變數，並預估潛在的顧客需求以制定因應策略開拓新市場。

市場定位分析-銷量占比

	商業理財	文學小說	藝術設計	人文科普	語言電腦	心靈養生	生活風格	親子共享
2017	11.93%	30.00%	4.16%	8.94%	7.84%	11.43%	18.97%	6.73%
2018	10.47%	29.11%	4.43%	8.59%	8.59%	10.77%	20.99%	7.04%
2019	10.49%	26.50%	4.51%	7.81%	9.29%	10.66%	22.34%	8.40%

市場定位分析-男女購買人數占比：透過 **對稱式橫條圖** 圖表與 **環圈圖** 圖表可快速看出 "性別" 元素對各類別圖書銷售量的相對關係。哪些圖書類別比較受男或女性青睞，在進行產品行銷時就可參考其中的資訊以較有利的方式進行產品包裝。

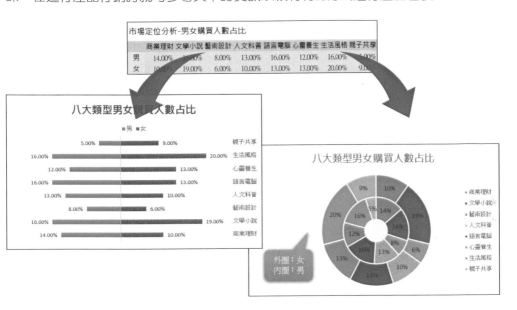

市場定位分析-不同年齡層購買人數占比：透過 **百分比堆疊橫條圖** 圖表可看出各年齡層不同圖書類別各自的占比，22 歲以下的學生族群偏好文學小說類的圖書，23-29 歲的初入社會上班族偏好語言電腦類的工具圖書，而 40 歲以上的族群則是偏好心靈養生與生活風格類的圖書，透過圖表取得的資訊可以讓企業進行市場區隔，針對不同的市場訂定出最有利的開發與銷售決策。

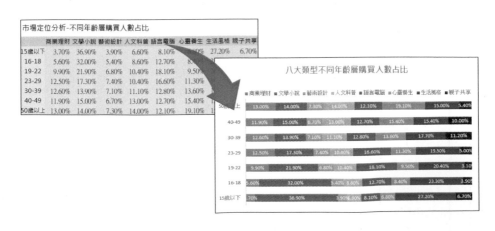

⊙ 操作說明

以 "直條圖" 分析市場定位銷量占比

直條圖 是最常用的圖表類別，常被用來表現項目的對比關係，比較的項目建議小於或等於四個為佳，太多項目反而會讓人感到眼花撩亂。此「商品市場分析」範例將以 "2017"、"2018"、"2019" 這三年度的八個類別圖書銷量透過直條圖整合呈現，讓你可以看出這三年來各圖書類別的成長起伏以及銷售的主流類別。

直條圖建立方式大同小異，只要掌握工作表中的資料數據，以正確的欄位內容進行建立。此範例是以 A2:I5 儲存格內的資料建立直條圖，細部的調整與樣式套用即不再一一說明，可參考前面的章節操作。

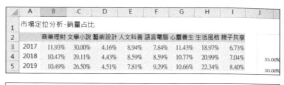

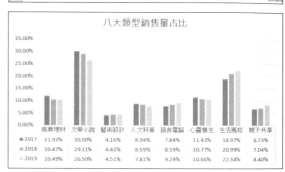

以 "對稱橫條圖" 分析男女購買人數相對關係

對稱橫條圖 是以 **橫條圖** 變化設計而成的，此份圖表要強調 "男"、"女" 這二個性別元素對銷售量的影響力與占比，在此選擇以左、右並列的對稱橫條圖來呈現會比傳統橫條圖更具有對比效果。

Step 1 建立橫條圖

1️⃣ 於存放資料內容的 **性別** 工作表，選取 A2：I4 儲存格。

2️⃣ 於 **插入** 索引標籤選按 **插入直條圖或橫條圖 \ 群組橫條圖**。

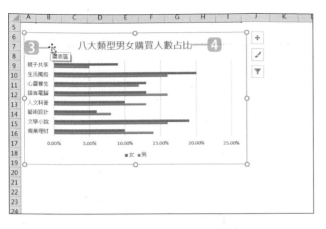

3 剛建立好的圖表會重疊在資料內容上方,將滑鼠指標移至圖表上方呈 ⁝ 狀時拖曳,將圖表移至工作表右側合適的位置擺放。
拖曳圖表物件四個角落控點調整圖表大小。

4 調整圖表標題文字。

Step 2 調整水平座標軸範圍並建立副座標軸

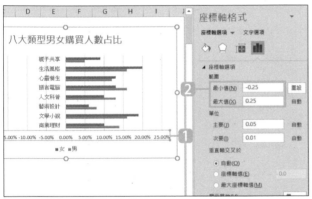

1 於圖表水平座標軸上連按二下滑鼠左鍵開啟 **座標軸格式** 窗格。

2 於 📊 \ **座標軸選項** \ **範圍** 項目中,設定 **最小值:「-0.25」、最大值「0.25」**。(因為目前圖表中的占比最大值為 20%,所以在此以 0.25 做為最大與最小的標準值。)

3 選取 "女" 的橘色數列。

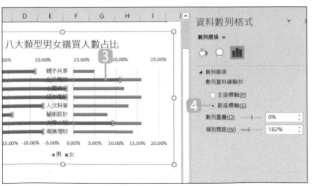

4 於 **資料數列格式** 窗格,📊 \ **數列選項** 項目中核選 **副座標軸**。

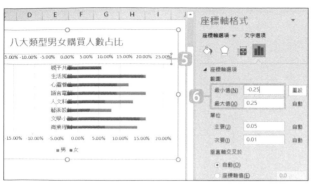

5 選取水平副座標軸。

6 於 **座標軸格式** 窗格，📊 \
座標軸選項 \ 範圍 項目中
設定 **最小值：「-0.25」、
最大值「0.25」**。

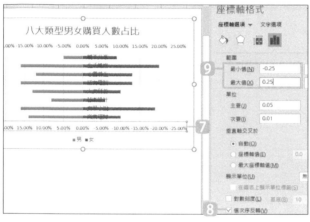

7 選取水平主座標軸。

8 於 **座標軸格式** 窗格，📊 \
座標軸選項 項目中核選 **值
次序反轉**，讓藍色數列呈
現反轉的呈現效果。

9 再次確認範圍的值，**最小
值：「-0.25」、最大值
「0.25」**。(有時套用 **值
次序反轉** 設定後，數值會
跑掉。)

Step 2 調整垂直座標軸位置

目前圖表中的垂直座標軸代表了圖書類別項目，位於圖表中間並與橘色數列重疊，
請將垂直座標軸移至圖表最右側。

 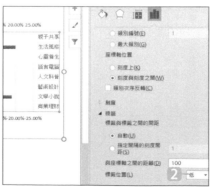

1 於 **座標軸格式** 窗格，選按
上方的 **座標軸選項** 右側 ▼
清單鈕 \ **垂直 (類別) 軸**。

2 於 📊 \ **座標軸選項 \ 標籤** 項
目中設定 **標籤位置：低**。

加上 "資料標籤" 並去除不需要的圖表元素

最後的動作要為數列加上 **資料標籤**，並取消 **格線** 與 **座標軸** 的顯示，可以強調這份橫條圖圖表中男、女購買人數的對比關係。

1 選取圖表。

2 選按 田 **圖表項目** 鈕 \ **資料標籤** 右側 ▸ 清單鈕，選按 **終點外側**。

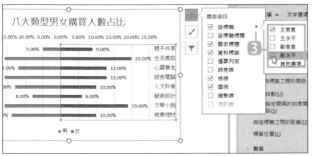

3 選按 田 **圖表項目** 鈕 \ **座標軸** 右側 ▸ 清單鈕，取消核選 **主水平**、**副水平** 二個項目。

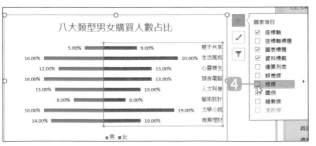

4 選按 田 **圖表項目** 鈕，取消核選 **格線** 項目。(再按 田 鈕可隱藏清單)

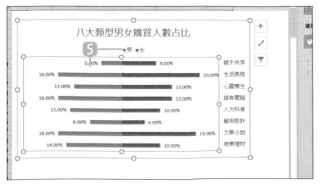

5 最後稍加調整 **圖例** 項目與圖表主體的大小、位置，即完成此對稱式橫條圖圖表。

以 "環圈圖" 分析男女購買人數相對關係

環圈圖 與 **圓形圖** 形狀相似,但 **環圈圖** 可直接比較二組不同資料間的差異,且中間空白處也可以加註說明資訊或公司 LOGO 圖等設計。

Step 1 建立環圈圖

1. 於 **性別** 工作表,選取 A2:I4 儲存格。

2. 於 **插入** 索引標籤選按 **插入圓形圖或環圈圖 \ 環圈圖**。

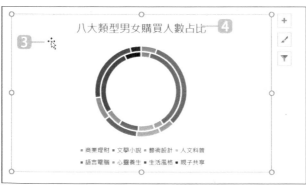

3. 剛建立好的圖表會重疊在資料內容上方,將滑鼠指標移至圖表上方呈 狀時拖曳,將圖表移至工作表合適的位置擺放。拖曳圖表物件四個角落控點調整圖表大小。

4. 調整圖表標題文字。

Step 2 快速套用合適的版面配置並調整文字格式

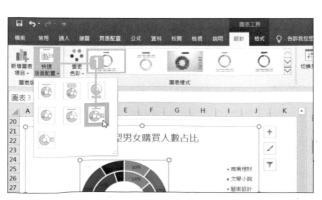

1. 選取圖表,於 **圖表工具 \ 設計** 索引標籤選按 **快速版面配置**,於清單中選按合適的版面配置套用。

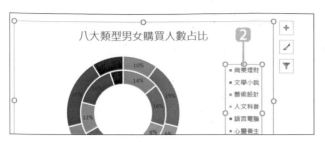

2 選取 **圖例**，於 **常用** 索引
標籤 **字型** 區，套用合適的
文字格式。

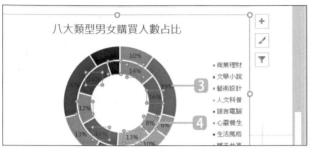

3 選取外圈的 **資料標籤**，於
常用 索引標籤 **字型** 區，
套用合適的文字格式。

4 選取內圈的 **資料標籤**，於
常用 索引標籤 **字型** 區，
套用合適的文字格式。

Step 3 調整圖表主體大小與位置

此例中因為圖表左側還要擺放一個說明的圖示，所以要將圖表主體 (繪圖區) 縮小一
些並往右擺放。

1 選取圖表，於 **圖表工具 \
格式** 索引標籤選按圖表
項目清單中的 **繪圖區**。

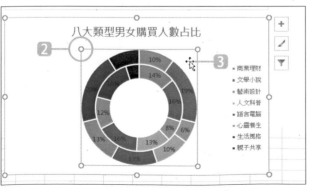

2 將滑鼠指標移至圖表物件
四個角落任一控點上方呈
狀時拖曳，調整圖表
大小。

3 將滑鼠指標移至圖表上方
呈 狀時拖曳，將圖表繪
圖區稍往右移至合適的位
置擺放。

Step 4 調整環圈圖的內徑大小

增加或減少環圈圖的 "內徑" 大小時，會相對減少或增加扇區的寬度。預設的內徑較大，會使得每個扇區顯得較單薄，且標註在上方的 **資料標籤** 也會看不清楚，這時只要將內徑的值調小一些就可加寬環圈圖的扇區。

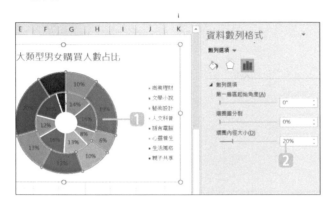

1. 圖表中的環圈上按二下開啟 **資料數列格式** 窗格。

2. 於 ▮▮ \ **數列選項** 項目中，設定 **環圈內徑大小：**「20%」，可看出環圈圖的二個環圈均加寬了。

Step 5 調整環圈圖的扇區色彩

環圈圖 的主圖已算完成了，最後微調各扇區的色彩，讓標註在各扇區上的資料標籤可以更清晰地呈現。

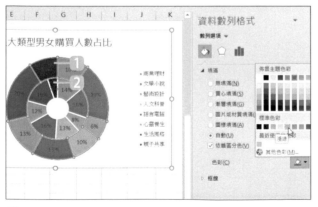

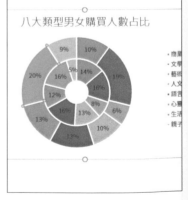

1. 圖表中先選取外圈，再於需要調整色彩的扇區連按二下開啟 **資料點格式** 窗格，於 ▮ \ **填滿** 項目中指定一合適的色彩。

2. 由於代表同一圖書類別的內圈該扇區無法自動套用新色彩，所以需再次選取內圈該扇區再套用相同的新色彩，其他扇區的色彩也以相同的方式調整。

繪製 "對話雲" 說明圖表內外圈的內容

最後,要為 **環圈圖** 圖表加上一個 "對話雲" 說明圖表內外圈的內容,不然僅就目前的圖表無法分辨出內圈是代表性別 "男" 還是 "女" 的數列。

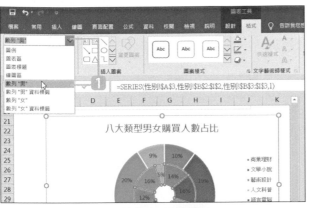

1. 選取圖表,於 **圖表工具 \ 格式** 索引標籤選按圖表項目清單中的 **數列 "男"**,這時會看到圖表中的內圈被選取,這樣即確認了內圈代表性別 "男"。

2. 於 **圖表工具 \ 格式** 索引標籤選按 **插入圖案 - 其他** 鈕,清單 **圖說文字** 類別中選按合適的圖案。

3. 於圖表左下角如圖繪製出一個圖說物件。

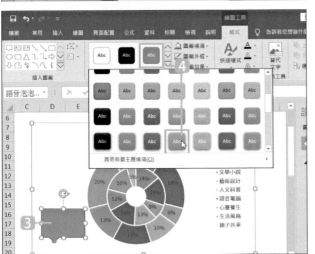

4. 於 **圖表工具 \ 格式** 索引標籤選按 **圖案樣式 - 其他** 鈕,清單中選按合適的樣式套用。

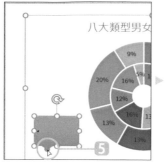 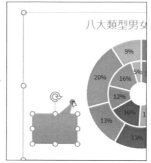

5 調整圖說物件的指引尖端：選取圖說物件，將滑鼠指標移至橘黃色控點上，拖曳指引尖端至合適的位置再放開滑鼠左鍵。

 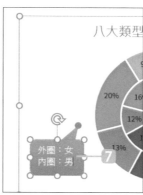

6 輸入文字：於圖說物件上按一下滑鼠右鍵，選按 **編輯文字**。

7 如圖輸入文字內容，再依文字內容調整此圖說物件的大小。

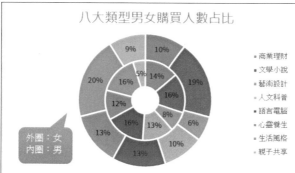

◁ 完成整個環圈圖圖表的製作。

以 "百分比堆疊橫條圖" 分析各年齡層購買人數占比

傳統的直條或橫條圖圖表無法呈現出 "部分占整體比例" 的視覺效果，當數據資料加總為 100% 時，可以運用 **百分比堆疊橫條圖** 圖表比較數量占整體值的變化趨勢。

Step 1 建立百分比堆疊橫條圖

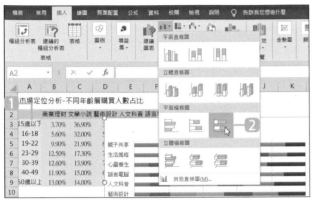

1 於存放資料內容的 **年齡層** 工作表，選取 A2：I9 儲存格。

2 於 **插入** 索引標籤選按 **插入直條圖或橫條圖 \ 百分比堆疊橫條圖**。

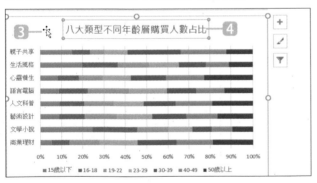

3 剛建立好的圖表會重疊在資料內容上方，將滑鼠指標移至圖表上方呈 狀時拖曳，將圖表移至工作表合適的位置擺放。再拖曳圖表物件四個角落控點調整圖表大小。

4 調整圖表標題文字。

Step 2 切換列 / 欄的值

由於此份圖表要強調的是各年齡層購買人數占比，因此要讓圖表左側垂直軸呈現各年齡層的值，一個橫條代表一個年齡層，而各個不同色彩的數列則是代表圖書八大類別各自的占比。

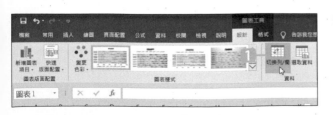

1 選取圖表，於 **圖表工具 \ 設計** 索引標籤選按 **切換列/欄**。

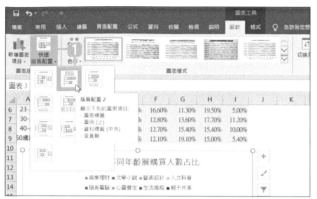

1 選取圖表，於 **圖表工具 \ 設計** 索引標籤選按 **快速版面配置 \ 版面配置 2**。(這個版面配置一套用即自動加上 **資料標籤**、隱藏 **水平座標軸** 與 **格線**，圖 **例** 則移至上方擺放。)

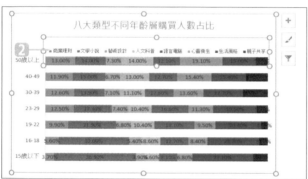

2 選取 **圖例** 物件，稍加拖曳調整位置，讓圖例中的八大圖書類別與下方代表的數列色塊盡量對齊。

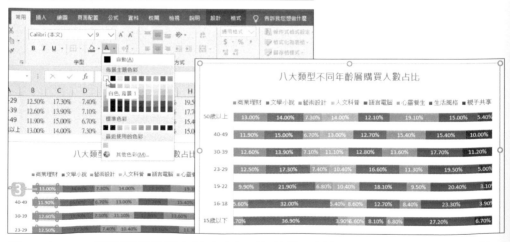

3 最後，一一選取每個數列上標註的資料標籤值，並為文字套用合適的文字色彩，如果即完成此份強調各年齡層購買人數占比的 **百分比堆疊橫條圖**。

互動式圖表應用

工作表中的資料內容經過不同的篩選分析方式即可產生不同的資訊以及圖表，互動式圖表將會運用：函數、樞紐分析、表單控制項、巨集與 VBA，讓圖表動起來！

76 用 "函數" 建立依日期變動的圖表

▶ 範例分析

Excel 工作表中有許多資料主題與日期息息相關，像是員工年資、工作天數、產品訂購付款日...等，如果圖表可以自動依即時日期而變動，圖表的實用性就更強大了！

此份「工程管理表」範例有多項工程內容，而每一項工程有預計的完工日與工程天數，當愈來愈接近完工日，剩餘工程天數也會愈來愈少，透過圖表的整理分析可以讓你快速檢視、監控每項工程的進度。如下圖針對二個時段檢視工程進度，分別是 2020 / 2 / 11 與 2020 / 3 / 8 的狀況，黃色數列代表剩餘天數，當黃色數列縮短到 0 時表示已到預計完工日，當剩餘天數為負值，其數列會呈紅色表示已超出預計完工日，即能有效的透過圖表輕鬆掌握各項工程進度。

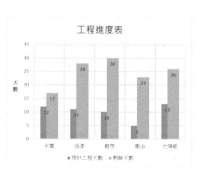

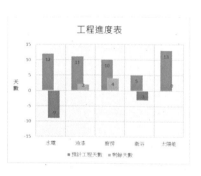

透過函數整理日期資料

進入圖表製作前先來看一下「工程管理表」中的 "剩餘天數" 與 "預計工程天數" 資料
數據如何運算。"剩餘天數" 欄內的運算式為：「=C3-TODAY()」，以 "預計完工日"
欄中的日期減今天日期，計算出離預計完工日還剩下幾天。

TODAY 函數常出現在各式報表的日期欄位，主要用於顯示今天日期 (即目前電腦中
的系統日期)，此函數取得的值會在每次開啟檔案或按 **F9** 鍵時自動更新。

"預計工程天數" 欄內的運算式：「=NETWORKDAYS.INTL(B3,C3,1,$A$12:$A$17)」，
使用 **NETWORKDAYS.INTL** 函數傳回 "開工日" 與 "預計完工日" 二個日期之間實際的
工作天數，並且扣除週末 (星期六、日的代表值為1) 與指定為國定假日的所有日子。

公式：**NETWORKDAYS.INTL(起始日期,結束日期,週末代表值,國定假日資料範圍)**

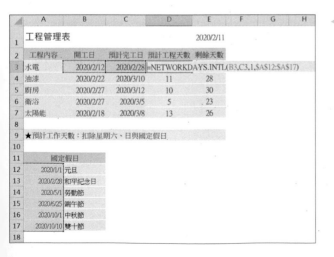

◀ $A$12:$A$17 為下方整理
好的國定假日資料範圍，
因為是固定資料，所以需
為絕對參照格式。

建立圖表

應用整理好的資料內容建立圖表，其中 "預計工程天數" 與 "剩餘天數" 二欄數據要並列比較，因此建議選擇直條圖、橫條圖或折線圖呈現，才能有效的顯示二筆數據間的關係。(因為 **TODAY** 函數會以當天日期運算，所以實際操作時，產生的數值會與下方圖片有些許差異。)

Step 1 建立直條圖

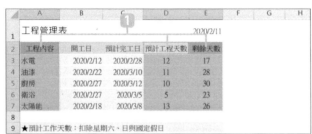

1 選取 A2 儲存格至 A7 儲存格，按 [Ctrl] 鍵不放再選取 D2 儲存格至 E7 儲存格。

2 於 插入 索引標籤選按 插入直條圖或橫條圖 \ 群組直條圖，工作表中會插入指定的圖表。

Step 2 調整圖表樣式

插入圖表後，可依圖表想要呈現的重點調整圖表的位置、大小、標題文字、樣式、數列色彩....等。 (詳細的調整操作可參考 Part 3 的說明)。

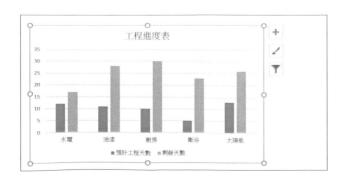

設定圖表格式強調數據對比關係

"預計工程天數" 與 "剩餘天數" 這二組數據可以透過格式上的調整,突顯二組數據在圖表上的對比關係。

Step 1 讓二組數列重疊呈現並指定負值需呈現的色彩

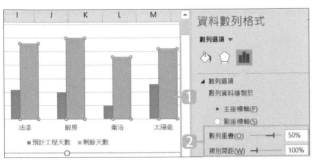

1. 於 "剩餘天數" 數列上連按二下滑鼠左鍵,開啟 **資料數列格式** 窗格。

2. 於 █ \ **數列選項** 項目中,設定 **數列重疊**:50%,**類別間距**:100%。

3. 於 ◇ \ **填滿** 項目中,先核選 **負值以補色顯示**,再選按 ▣ 圖示,指定合適的負值顏色。

Step 2 為數列加上值的標註

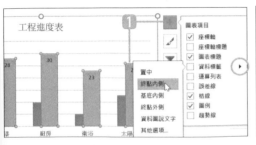
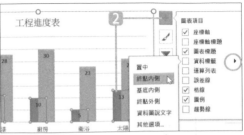

1. 選取圖表中的 "剩餘天數" 數列,選按 ⊞ \ **資料標籤** 右側 ▶ 清單鈕 \ **終點內側**。

2. 選取圖表中的 "預計工程天數" 數列,選按 ⊞ \ **資料標籤** 右側 ▶ 清單鈕 \ **終點內側**。

為圖表上的數據標註說明

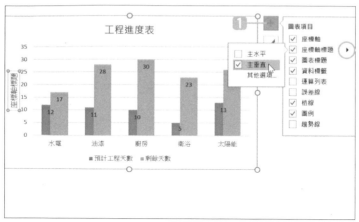 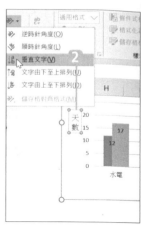

① 選取圖表，選按 ⊞ **圖表項目** 鈕\ **座標軸標題** 右側 ▶ 清單鈕\ **主垂直**。

② 選取預設的文字，改成「天數」，再選按 **常用** 索引標籤\ **方向**\ **垂直文字**。

讓座標軸標籤置於圖表最下方

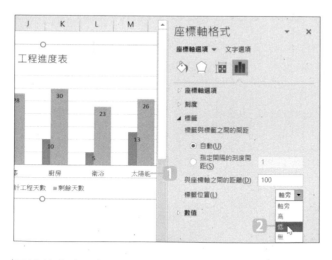

① 於 **座標軸** 上連按二下滑鼠左鍵，開啟 **座標軸格式** 窗格。

② 於 ▥ **座標軸選項**\ **標籤** 項目中，設定 **標籤位置**： **低**，如此一來當數列的值為負值時，數列與資料標籤數值即不會跟水平座標軸疊在一起而看不清楚圖表內容。

這樣就完成這份用日期因素建立的動態圖表，只要在不同日期開啟這份 Excel 工作表即能有效的透過圖表快速檢視、監控每項工程的進度。

用 "樞紐分析" 建立分析式圖表

範例分析

Excel **樞紐分析表** 與 **樞紐分析圖表** 扮演著彙整大量資料數據的角色，不僅可以快速合併、交叉運算，更能靈活調整欄列的項目顯示統計結果。

此份 "訂單銷售明細" 是公司 2018~2019 年的 1500 多筆銷售資料，首先將資料內容先製作成有交叉清單設計的樞紐分析表，透過這個樞紐分析表再進一步建立成樞紐分析圖，將複雜的資料內容以圖的形式呈現，並隨著條件變化，幫助使用者分析、組織資料，大幅提高工作效率。

訂單編號	下單日期	銷售員	廠商編號	廠商名稱	產品編號	產品名稱	產品類別	數量	訂價	交易金額
AB18-00001	2018/1/2	洪秀芬	M-003	聖瑞事業	F024	運動潮流直筒暢褲-男童 灰	童裝	45	2030	$ 91,350
AB18-00002	2018/1/2	曹麗雯	M-001	慶盛事業	F012	托特包 AMIE 滿版刺繡系列-白色	配件	25	1740	$ 43,500
AB18-00003	2018/1/2	曹麗雯	M-002	興瑞貿易	F008	法蘭絨格紋襯衫- 黑	女裝	25	1800	$ 45,000
AB18-00004	2018/1/2	洪秀芬	M-003	亨生事業	F033	高機能伸縮衣架	家俱	45	600	$ 27,000
AB18-00005	2018/1/2	洪秀芬	M-003	聖瑞事業	F039	12格書櫃	家俱	25	2500	$ 62,500
AB18-00006	2018/1/2	洪秀芬	M-004	亨生事業	F040	ThermoContro 機能運動風褲-女童	童裝	25	900	$ 22,500
AB18-00007	2018/1/2	洪秀芬	M-005	宏佳貿易	F008	法蘭絨格紋襯衫- 黑	女裝	45	1800	$ 81,000
AB18-00008	2018/1/2	洪秀芬	M-005	宏佳貿易	F012	托特包 AMIE 滿版刺繡系列-白色	配件	25	1740	$ 43,500
AB18-00009	2018/1/2	賴冠廷	M-006	安貴事業	F008	法蘭絨格紋襯衫- 黑	女裝	25	1800	$ 45,000
AB18-00010	2018/1/2	賴冠廷	M-006	安貴事業	F033	高機能伸縮衣架	家俱	45	600	$ 27,000
AB18-00011	2018/1/2	賴冠廷	M-007	昌公事業	F039	12格書櫃	家俱	25	2500	$ 62,500
AB18-00012	2018/1/2	戴俊廷	M-008	吉本貿易	F040	ThermoContro 機能運動風褲-女童	童裝	25	900	$ 22,500
AB18-00013	2018/1/2	曹麗雯	M-002	興瑞貿易	F028	CALLDYNAMIC大學T-男童	童裝	25	1750	$ 43,750
AB18-00014	2018/1/4	洪秀芬	M-003	聖瑞事業	F036	經典美式純色POLO- 藍	女裝	25	980	$, 24,500
AB18-00015	2018/1/4	曹麗雯	M-001	慶盛事業	F009	大化妝包 AMIE-Colorful系列-深藍	配件	25	2100	$ 52,500
AB18-00016	2018/1/4	曹麗雯	M-002	興瑞貿易	F012	托特包 AMIE 滿版刺繡系列-白色	配件	25	1740	$ 43,500
AB18-00017	2018/1/4	洪秀芬	M-003	聖瑞事業	F012	托特包 AMIE 滿版刺繡系列-白色	配件	25	1740	$ 43,500
AB18-00018	2018/1/4	洪秀芬	M-004	亨生事業	F012	托特包 AMIE 滿版刺繡系列-白色	配件	25	1740	$ 43,500
AB18-00019	2018/1/4	洪秀芬	M-005	宏佳貿易	F010	中夾 Life style生活風尚系列-紅色	皮件	25	2610	$ 65,250

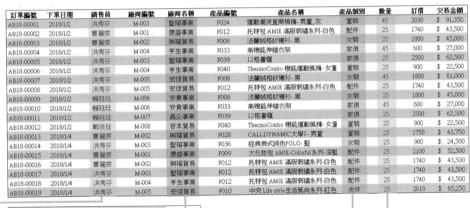

加總 - 數量	欄標籤			
列標籤	男裝	女裝	童裝	總計
⊟洪秀芬	2565	2415	1295	6275
亨生事業	890	765	310	1965
宏佳貿易	925	735	300	1960
聖瑞事業	750	915	685	2350
⊟曹麗雯	1925	2070	132	
慶盛事業	1055	555	62	
興瑞貿易	870	1515	70	
⊟陳威任	840	645	62	
仁華事業	840	645	62	
⊟黃禹美	1325	2025	104	
通潤貿易	570	725	58	
優亨事業	755	1300	46	
⊟賴冠廷	1940	1405	80	
安貴事業	1005	710	35	
昌公事業	935	695	45	
⊟戴俊廷	670	730	61	
吉本貿易	670	730	61	
總計	9265	9290	570	

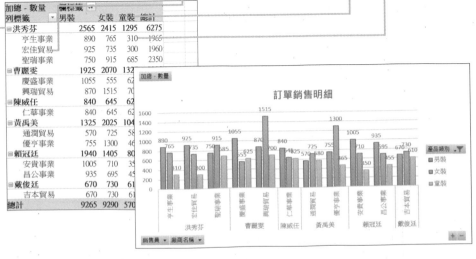

建立樞紐分析表

樞紐分析表 可將大量資料有系統性的分析整理，依照如下步驟快速建立樞紐分析表：

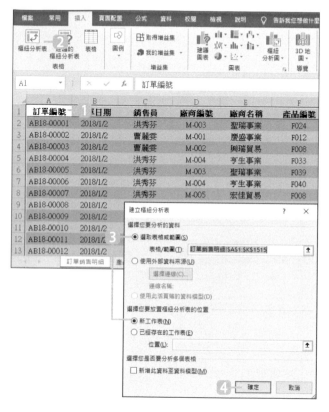

1. 於 **訂單銷售明細** 工作表選取要製作樞紐分析表的 A1:K1515 儲存格範圍。(也可選按 A1 儲存格，再按 Ctrl + A 鍵，快速選取整個資料範圍。)

2. 於 **插入** 索引標籤選按 **樞紐分析表**。

3. 確認資料範圍，核選 **選擇您要放置樞紐分析表的位置：新工作表**。

4. 按 **確定** 鈕。

TIPS

建立樞紐分析表其設定項目的功能

建立樞紐分析表 對話方塊中，其設定項目功能為：

1. **選擇您要分析的資料**

   選取表格或範圍 \ 表格/範圍：存在於 Excel 工作表中的清單或資料。

   使用外部資料來源：如 Access、DBase...等資料庫檔案。

2. **選擇您要放置樞紐分析表的位置**

   新工作表：將來源資料以樞紐分析表，呈現於新的工作表中。

   已存在的工作表：將來源資料以樞紐分析表，呈現於選定的工作表中。

如下產生新工作表，左側是剛建立好還未指定欄列資料的樞紐分析表，而右側 **樞紐分析表欄位** 窗格可以控制樞紐分析表呈現的內容。

樞紐分析表呈現區域　資料來源欄位　　樞紐分析表的 篩選、欄、列、值 對應區域。

配置樞紐分析表的欄位

範例中以 **產品類別**、**銷售員** 與 **廠商名稱** 為主要的交叉條件，再將 **數量** 值資料匯整於報表上。於 **樞紐分析表欄位** 窗格拖曳欄位至對應區域：

1 拖曳 **產品類別** 欄位至 **欄** 區域，會變成樞紐分析表的欄標籤。

2 先拖曳 **銷售員** 欄位至 **列** 區域，會變成樞紐分析表的列標題。

3 拖曳 **廠商名稱** 欄位至 **列** 區域，擺放於 **銷售員** 欄位下方，如此一來報表會呈現以銷售員分組整理廠商訂購明細。

⑥ 互動式圖表應用

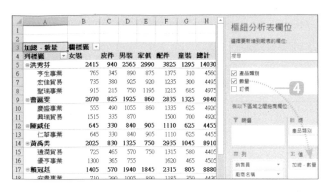

4 拖曳 **數量** 至 **值** 區域，會自動匯總統計數值。

TIPS

移除欄位

若想刪除 **欄**、**列** 或 **值** 下方區域中的項目，可在 **樞紐分析表欄位** 工作窗格中選按該項目右側 ▼ 清單鈕 \ **移除欄位** 即可以移除。

摺疊、展開樞紐分析表資料欄位

樞紐分析表中，不論是欄或列標籤，只要加入一個以上的欄位即可產生層級，層級不但可分類欄位，也可以透過摺疊與展開的動作突顯主類別與值的關係，此例想呈現的是：銷售員於各產品類別銷售量。

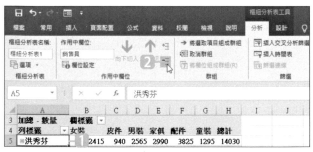

1 欄或列標籤項目左側，如果有 ⊟，表示可進行層級的摺疊與展開，在此選取 A5 儲存格。

2 於 **樞紐分析表工具 \ 分析** 索引標籤選按 摺疊欄位。

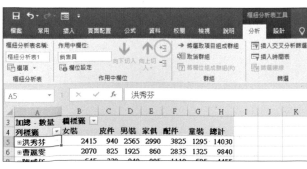

◀ 會發現廠商名稱已經被暫時隱藏；若於 **樞紐分析表工具 \ 分析** 索引標籤選按 展開欄位 可還原被摺疊的內容。

篩選樞紐分析表欄、列資料

加入樞紐分析表的欄位資料，可再透過 **篩選** 功能指定項目的隱藏與顯示。在此只顯示 **產品類別** 資料中的服飾相關類別數據資料。

Step 1 指定篩選項目

1 於樞紐分析表選按 ▼ 欄標籤 清單鈕。

2 一一取消核選非服飾的產品類別。

3 按 **確定** 鈕。

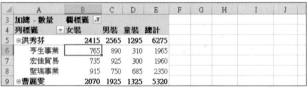

◀ 會看到沒有被核選的項目已被隱藏。

Step 2 取消篩選項目

◀ 如果要取消篩選，只要再次選按 **欄標籤** ▼ 清單鈕，核選 **全選**，再選按 **確定** 鈕。

⑥ 互動式圖表應用

排序樞紐分析表欄、列資料

樞紐分析表內若有大量資料時，可依字母或文字筆劃排序資料或依值由大到小排序，能更輕鬆地找到所要分析的項目。

Step 1 指定遞增、遞減排序

1 於樞紐分析表選按欲排序的 **欄標籤** 或 **列標籤** 右側 ⏷ 清單鈕。

2 於下拉式清單選按 **從 A 到 Z 排序** 或 **從 Z 到 A 排序** 進行遞增、遞減排序。(此處維持預設)

Step 2 移動到指定位置

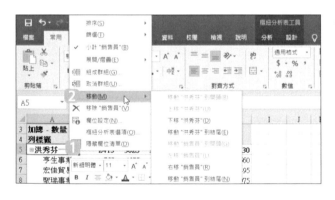

1 於想要移動位置的項目上按一下滑鼠右鍵。

2 選按 **移動**，再於清單中選按合適的移動動作。

Step 3 手動拖曳排序

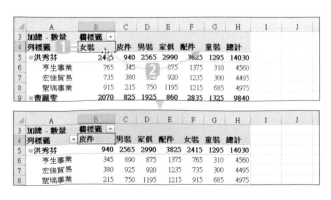

1 選按想要移動的項目。

2 將滑鼠指標移至其儲存格外框，呈 狀時，直接拖曳至想要擺放的位置。

建立樞紐分析圖

面對大數據資料，Excel 不只是能產生樞紐分析表，更能透過樞紐分析圖將混亂的來源資料變成一目了然的清楚圖表。建立樞紐分析圖的方法有二種：一可依據目前建立好的樞紐分析表來建立樞紐分析圖；二則是直接依據工作表中的原始資料內容建立樞紐分析圖，在此示範藉由樞紐分析表轉化成樞紐分析圖的作法：

Step 1 　整理樞紐分析表

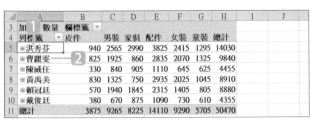

1. 選取樞紐分析表中任一儲存格。

2. 將樞紐分析表內容整理好，可篩選或摺疊、展開所需的資料。

Step 2 　建立圖表

1. 於 **樞紐分析表工具\分析** 索引標籤選按 **樞紐分析圖**。

2. 選擇圖表類型，在此選按 **直條圖\群組直條圖**。

3. 按 **確定** 鈕完成樞紐分析圖建立。

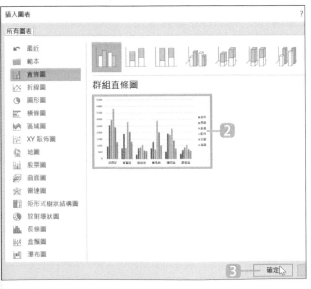

調整圖表整體視覺、配置與樣式設計

Step 1　移動圖表

為了方便樞紐分析圖瀏覽與編輯，可移至事先建立好的 **銷售量圖** 工作表。

1. 在選取圖表的狀態下，於 **樞紐分析圖工具 \ 設計** 索引標籤選按 **移動圖表** 開啟對話方塊。

2. 核選 **工作表中的物件**，並指定為 **銷售量圖** 工作表。

3. 按 **確定** 鈕。

Step 2　調整圖表位置、大小、標題

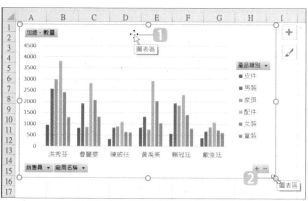

1. 將滑鼠指標移至圖表物件上，待呈現 狀時，按滑鼠左鍵不放拖曳移動圖表的位置。

2. 在選取圖表的狀態下，將滑鼠指標移至圖表物件四個角落，待呈現 狀時，按滑鼠左鍵不放拖曳移動可縮放圖表大小。

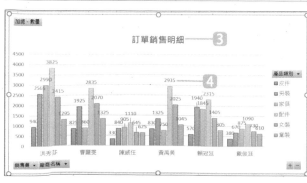

3. 為圖表新增圖表標題物件，並輸入合適的名稱。

4. 套用合適色彩、版面配置與樣式，並建議加上資料標籤，這樣圖表上的長條色塊可更清楚的呈現銷售員每個產品的訂單數量。

自動更新樞紐分析表、圖

預設的狀態下，當原始資料內容變動時，樞紐分析表、圖並不會自行更新內容，必須於 **樞紐分析表工具 \ 分析** 索引標籤選按 **重新整理** 清單鈕 \ **重新整理**，才能同步更新樞紐分析表、圖。

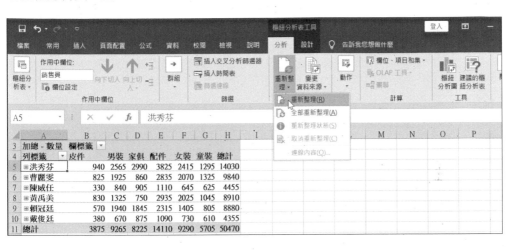

為了節省時間並加強工作效率，可依照以下操作步驟設定，即可於每次開啟檔案時自動更新。

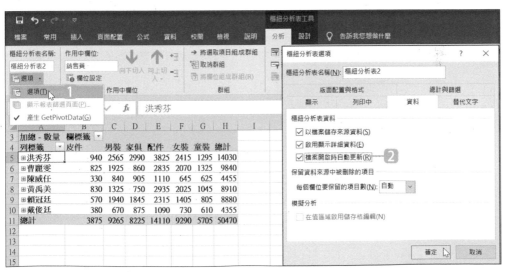

1️⃣ 於 **樞紐分析表工具 \ 分析** 索引標籤選按 **選項** 清單鈕 \ **選項**。

2️⃣ 於 **資料** 標籤核選 **檔案開啟時自動更新** 後，按 **確定** 鈕。

樞紐分析圖的動態分析主題資料

樞紐分析圖除了可以依據原始資料內容與相關的樞紐分析表而變動,也具備一些簡單的動態分析功能,可以篩選出特定資料並同時調整圖表呈現,如此即可快速的透析更多資訊。

主題 1 **特定 "產品類別" 的銷售資訊**

此例中,主要銷售產品類別有五類,若想在圖表上僅瀏覽服裝類產品,可透過 **產品類別** 項目篩選。

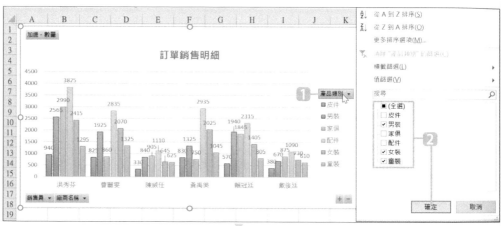

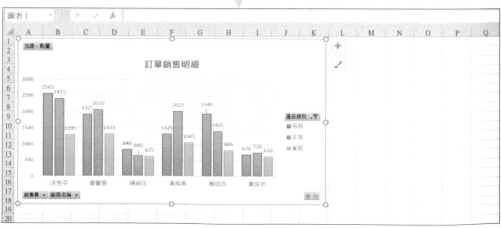

1️⃣ 樞紐分析圖上按 **產品類別** 鈕。

2️⃣ 於清單中核選想要瀏覽的項目或取消核選不要瀏覽的項目,按 **確定** 鈕即可於圖表上呈現特定 **產品類別** 的資訊。

服裝類產品，交易數量大於 2200 件的廠商

接續前一個項目，已篩選出服裝類產品的交易數量資料，由於此樞紐分析表設計的 **列** 區域第一個層級是 **銷售員**，下一個層級才是 **廠商名稱**，所以目前圖表顯示的是銷售員，如果想知道各廠商的交易數量，可依如下方式展開：

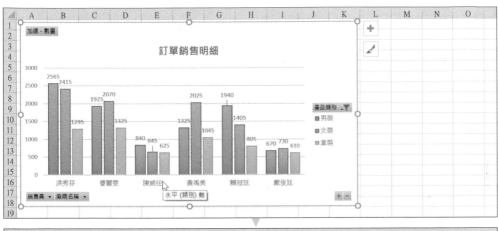

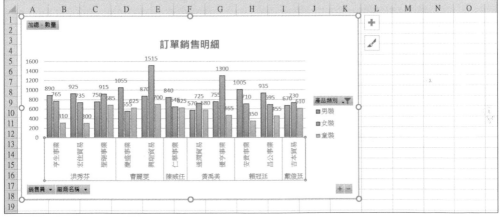

▲ 於水平座標軸文字上連按二下滑鼠左鍵，可以展開下一層廠商名稱的明細。

接著在 **廠商名稱** 中篩選 **加總 - 數量** 大於 2200 的廠商。

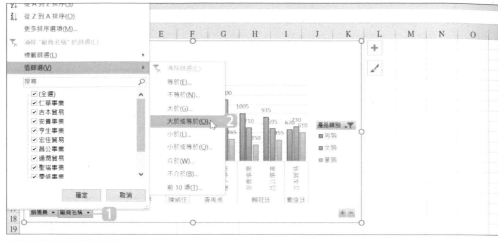

1️⃣ 樞紐分析圖上選按 **廠商名稱** 鈕。

2️⃣ 清單中選按 **值篩選 \ 大於或等於**。

3️⃣ 設定 **加總-數量、大於或等於** 的條件，輸入值：「2200」，再按 **確定** 鈕。

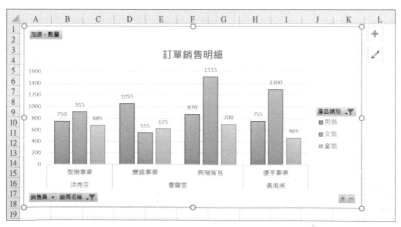

▲ 圖表中會出現服裝類產品的交易總數大於 **2200** 的廠商名稱 。(**廠商名稱** 鈕右側會出現 🔽 圖示)

特定主題資料篩選瀏覽後，可再透過圖表的設定還原資料，這樣在進行下個主題時才不會覺得有些資料數據沒有完整呈現。

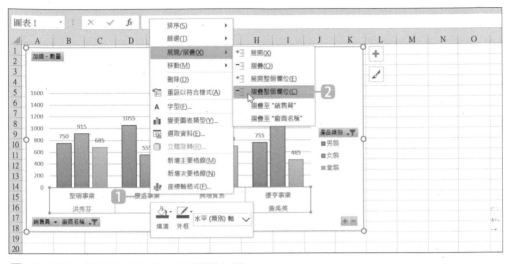

1. 於水平座標軸文字上按一下滑鼠右鍵。

2. 選按 **展開/摺疊 \ 摺疊整個欄位**，這樣即可將 **廠商名稱** 欄位資料隱藏。

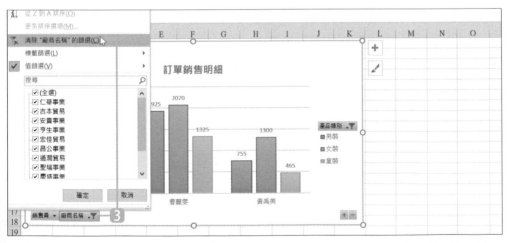

❻ 互動式圖表應用

3. 檢查一下樞紐分析圖中各欄位鈕右側是否有 ▼ 圖示，若有即表示該欄位目前正套用了指定的篩選條件，這時選按該欄位鈕，再選按 **清除 "×××" 的篩選**，即可清除篩選條件。

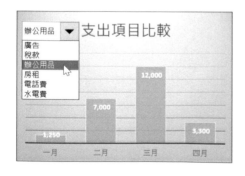

78 用 "表單控制項" 建立指定項目的圖表

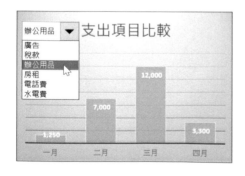範例分析

Excel 中的 **表單控制項** 是設計動態圖表必學的功能，最常見的控制項有：下拉式選單、清單方塊、核選方塊、點選按鈕...等，不用學困難的巨集程式，就可以在 Excel 工作表中呈現互動式功能。

此份「支出預算」範例中，要透過表單控制項設計的下拉式選單物件再結合一個簡單的函數，讓使用者隨時選擇想要瀏覽的項目：廣告、稅款、辦公用品、房租、電話費、水電費，並自動呈現該項目於各月份的支出預算比較圖表。

第一季支出預算

項目	預算	一月	二月	三月	四月	總額	差額
廣告	NT$30,000	13,500	8,000	20,000	6,000	NT$47,500	-NT$17,500
稅款	NT$50,000	19,300	12,000	18,900	17,600	NT$67,800	-NT$17,800
辦公用品	NT$30,000	1,250	7,000	12,000	3,300	NT$23,550	NT$6,450
房租	NT$80,000	20,000	20,000	20,000	22,000	NT$82,000	-NT$2,000
電話費	NT$10,000	1,456	2,236	2,980	1,456	NT$8,128	NT$1,872
水電費	NT$10,000	2,560	1,500	1,200	1,560	NT$6,820	NT$3,180

項目	一月	二月	三月	四月
3	1,250	7,000	12,000	3,300

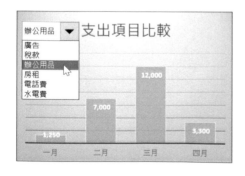

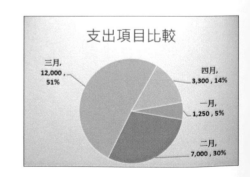

建立圖表

此份「支出預算」範例中，不是使用 A2 至 H8 儲存格中的數據製作這份動態圖表，而是透過由表單控制項與函數產生於 B11 至 E11 儲存格中的數據產生圖表數列，在此先產生一個空的圖表。

Step 1 建立直條圖

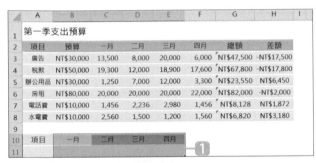

1. 選取 B10 儲存格至 E11 儲存格。

2. 於 **插入** 索引標籤選按 **插入直條圖或橫條圖 \ 群組直條圖**，工作表中會插入指定的圖表。

Step 2 調整圖表位置、大小與標題文字

初步插入這份空白圖表後，針對這份圖表想要呈現的重點可調整其位置、大小、標題文字...等。(詳細的調整操作可參考 **Part 3** 的說明)。

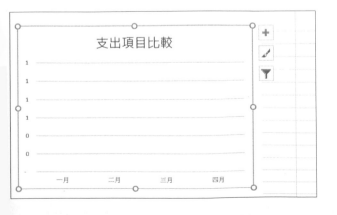

透過函數傳回指定項目的數據

B11 至 E11 儲存格中要用 **OFFSET** 函數取得上方主資料的數據， **OFFSET** 函數可由指定的起始儲存格依指定位移列數與欄數傳回目標儲存格內的數據。

語法：OFFSET(起始儲存格位址,位移列數,位移欄數,包括儲存格高度,包括儲存格寬度)

1. 選取 **B11** 儲存格，輸入 **OFFSET** 函數的運算公式：
   =OFFSET(C2,$A$11,0)
   這樣一來會傳回 C2 儲存格下方某一列中的值，而到底是哪一列？則是取決於 $A$11 儲存格中的值。

2. 於 **B11** 儲存格，按住右下角的 **填滿控點** 往右拖曳至 E11 儲存格再放開滑鼠左鍵，可快速完成其他月份的函數輸入。(由於 B11 儲存格中輸入的 **OFFSET** 函數起始儲存格位址並非絕對位址，所以複製到其他儲存格後會變成：D2、E2、F2。)

建立可以選擇品項的表單控制項

Step 1 開啟專屬索引標籤

要透過 VBA 動手撰寫相關程式碼前，需先開啟 **開發人員** 索引標籤。

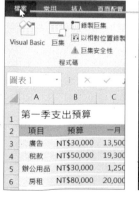

1. 於 **檔案** 索引標籤選按 **選項** 開啟對話方塊。

2 於 **自訂功能區** 項目中核
選 **開發人員**,再按 **確定**
鈕即完成啟用。

◄ 回到 Excel 之後功能區多
了 **開發人員** 索引標籤,
其中包含 VBA 程式與巨集
開發相關功能。

Step 2 **建立 "表單控制項 - 下拉式方塊"**

要在工作表上建立一個表單控制項:**下拉式方塊**,當透過這個下拉式方塊選擇想要
瀏覽的支出項目時,就會自動以函數取得該支出項目的一月、二月、三月、四月支
出金額。

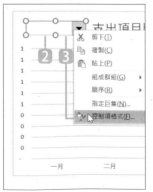

1 於 **開發人員** 索引標籤選
按 **插入 \ 表單控制項 \ 下
拉式方塊**。

2 在剛剛製作好的空白圖表
左上方,按滑鼠左鍵不放
拖曳,繪製一矩形下拉式
方塊。

3 於下拉式方塊控制項上按
一下滑鼠右鍵,選按 **控制
項格式**。

❻ 互動式圖表應用

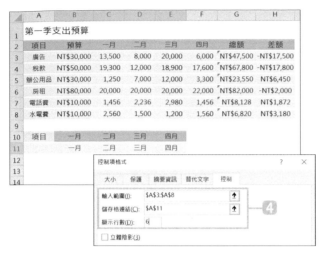

④ 開啟 **控制項格式** 對話方塊，於 **輸入範圍** 輸入範圍：「\$A\$3:\$A\$8」，**儲存格連結** 輸入範圍：「\$A\$11」，**顯示行數** 輸入：「6」，再按 **確定** 鈕。

Step 3 調整 "表單控制項 - 下拉式方塊" 至合適的大小

1️⃣ 剛剛設定好的 **表單控制項 - 下拉式方塊** 會呈選取狀態，先按 **Esc** 鍵取消選取該物件。這時再將滑鼠指標移至該下拉式方塊上會呈 🖑 狀，按下該方塊即會顯示 \$A\$3:\$A\$8 儲存格中的值：廣告、稅款、辦公用品、房租、電話費、水電費，供使用者選按。

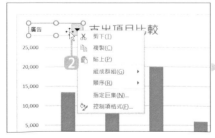
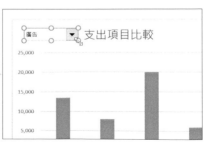

2️⃣ 在下拉式方塊上按一下滑鼠右鍵，再按一下滑鼠左鍵 (取消快顯功能表)，即可拖曳該物件的控點調整物件大小，調整完成後再按 **Esc** 鍵取消選取該物件。

使用表單控制項瀏覽特定品項的支出圖表

完成前面的建立與設定後，現在就來實測這個表單控制項，透過支出項目的指定取得該項目的支出比較圖表。

Step 1　於下拉式清單中指定支出項目

當按下圖表左上方的 **表單控制項 - 下拉式方塊**，選按任一個項目：會傳送相對數值至 $A$11 儲存格。在此選按第三個項目："辦公用品"，即會傳送數值「3」至 $A$11 儲存格。而 B11 至 E11 儲存格則透過 **OFFSET** 函數取得 "辦公用品" 一、二、三、四月的支出金額，同時圖表上也出現了 "辦公用品" 一、二、三、四月支出金額的長條數列。

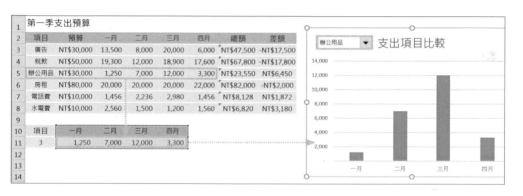

Step 2　調整圖表版面配置與格式

當圖表獲得數據資料，不但會出現數列，相關的如：座標軸、格線、資料標籤...等圖表元素均會呈現，這時可再選取該圖表為其套用上合適的版面配置、色彩或樣式，甚至可以套用其他圖表類型試試不同圖表所呈現的效果。

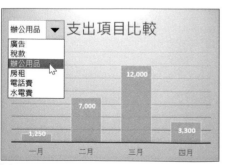

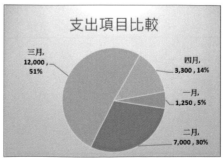

79 用 "VBA 與巨集" 建立自動化圖表

▶ 範例分析

此份「支出預算」範例將運用 VBA 與巨集功能，只要按下設計好的互動式按鈕即可自動建立指定的圖表。

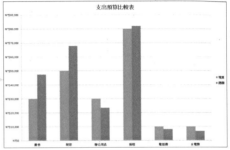

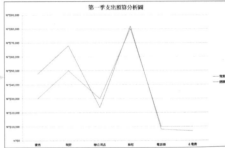

更進階的 VBA 應用，透過控制項即可依指定的多個條件項目建立動態圖表。

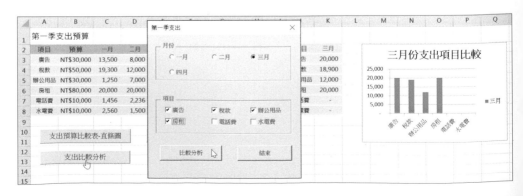

什麼是 VBA 與巨集？

Office 中可以使用巨集設計自動化功能，是以所謂的 VBA (Visual Basic for Applications) 程式撰寫，可以加強與簡化操作方法，也可以節省程式重複設計的時間。

VBA 程式設計中，包含了物件、屬性、屬性值、方法及事件的組合概念，以下就針對這些性質做一個簡單說明：

■ **物件**：VBA 是物件導向的程式語言，物件可被解釋為操作對象。例如：設定儲存格寬度、選擇工作表、新增活頁簿...等，其中儲存格 "Range"、工作表 "Worksheet"、活頁簿 "Workbook" 即為物件，Excel 本身也是以 "Application" 這個物件來表示。

■ **屬性**：每一個物件都有其相關特性，例如儲存格的寬度、高度...等。

■ **屬性值**：各種屬性內含的資料即為屬性值，像是儲存格寬度為 20 點，"20" 即為屬性值。

■ **方法**：操作物件的指令，例如複製、貼上、刪除即是一種方法。

■ **事件**：事件是觸發 VBA 對應程序的動作，例如按一下滑鼠左鍵、連按二下滑鼠左鍵、按一下鍵盤按鍵...等。

VBA 語法表示法

VBA 程式中物件下方包含哪些物件有一定規則，擺放位置也不可亂放，每一項層次都分得很清楚！在 VBA 語法，物件與屬性的表示方式如下：

ObjectName.PropertyName

▲ 物件名稱　　▲ 物件屬性

物件與屬性之間要加上「.」，只要將它解讀成文章中 "的" 這個字，例如：將 A1 儲存格的寬度設定為 20，可以寫成：**Range("A1").ColumnWidth=20**

Range("A1") 代表 A1 儲存格，而 ColumnWidth 代表 "欄寬" 是儲存格的屬性，20 則是欄寬的屬性值。

建立可以自動產生圖表的按鈕

此範例要運用 VBA 先撰寫簡單的建立圖表程式,再回到 Excel 工作表中建立表單按鈕,使用者只要按下按鈕就可以執行這段程式。

Step 1 開啟專屬索引標籤

要透過 VBA 動手撰寫相關程式碼前,需先開啟 **開發人員** 索引標籤。

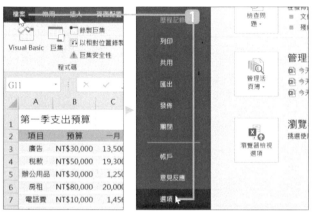

1 於 **檔案** 索引標籤選按 **選項** 開啟對話方塊。

2 於 **自訂功能區** 項目中核選 **開發人員**,再按 **確定** 鈕即完成啟用的動作。

◀ 功能區多了 **開發人員** 索引標籤,其中包含 VBA 程式與巨集開發的相關功能。

進入 **Visual Basic** 編輯器並插入一個新的模組

模組 是宣告、陳述式以及程序的集合，換句話說，模組是存放 VBA 程式碼的地方。

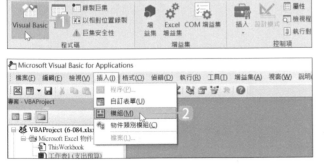

1️⃣ 於 **開發人員** 索引標籤選按 **Visual Basic**，開啟 **Microsoft Visual Basic for Applications** 視窗。

2️⃣ 選按 **插入 \ 模組**，會新增一個 **Module1**，並開啟其空白模組編輯視窗。

撰寫建立直條圖圖表的程式碼

試著在 **Module1** 視窗撰寫一段如下的簡易程式碼，建立直條圖圖表。(也可直接複製範例檔案整理的 <工作表按鈕程式碼-01用 VBA 建立直條圖.txt> 程式碼貼入)

◀ 在 **'** 符號之後的文字均為註解文字，以綠色標示，可以幫助你了解該行程式碼的意義，在程式執行時會略過。

程式碼：

```
Public Sub 直條圖()
    Range("支出預算!$A$2:$B$8,支出預算!$G$2:$G$8").Select          1
    ActiveWorkbook.Charts.Add '建立圖表                          2
    ActiveChart.SetSourceData Source:=Range("支出預算!$A$2:$B$8,支出預算!$G$2:$G$8") '資料範圍
    ActiveChart.ChartType = xlColumnClustered '指定圖表類型        3
    ActiveChart.HasTitle = True                               4
    ActiveChart.ChartTitle.Text = "支出預算比較表" '圖表標題設定
    ActiveChart.ChartArea.Select          5
    ActiveChart.Location Where:=xlLocationAsNewSheet '將圖表置於指定工作列表
End Sub
```

❻ 互動式圖表應用

說明：

1 Range("支出預算!$A$2:$B$8,支出預算!$G$2:$G$8").Select

選取工作表中要製作為圖表的資料範圍。

2 ActiveWorkbook.Charts.Add
ActiveChart.SetSourceData Source:=Range("支出預算!$A$2:$B$8,支出預算!$G$2:$G$8")

開始建立圖表、指定資料範圍。

3 ActiveChart.ChartType = xlColumnClustered

指定圖表類型：xlColumnClustered 為直條圖，其他常用圖表類型：XlPie 圓形圖、xlBarClustered 橫條圖、xlLine 為折線圖、xlRadar 為電達圖...等。

4 ActiveChart.HasTitle = True
ActiveChart.ChartTitle.Text = "支出預算比較表"

設定有圖表標題物件，指標題文字為："支出預算比較表"。

5 ActiveChart.ChartArea.Select
ActiveChart.Location Where:=xlLocationAsNewSheet

選取圖表，指定圖表放置於哪個工作表：xlLocationAsNewSheet 為新工作表，若需要指於特定工作表則可輸入 xlLocationAsObject,Name:="工作表名稱"。

Step 4 測試程式效果

完成了這個 VBA 程式的撰寫，現在馬上執行看看結果。

1 於一般工具列選按 **檢視 Microsoft Excel** 鈕，返回 Excel 視窗執行巨集。

2 於 **檢視** 索引標籤選按 **巨集** 清單鈕 \ **檢視巨集** 開啟對話方塊。

3 選取剛剛建立的 **直條圖** 巨集項目。

4 按 **執行** 鈕。

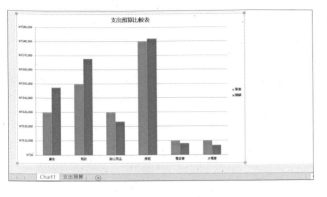

▶ 會開立一個新的工作表，並依指定的資料範圍建立直條圖圖表，嵌入到這個工作表中。

插入第二個新模組並撰寫建立折線圖圖表的程式碼

接著要撰寫第二個建立圖表的程式碼，同樣先建立一個新的模組，再於 **Module2** 模組編輯視窗撰寫一段如下的簡易程式碼，建立折線圖圖表。(也可直接複製範例檔案整理的 <工作表按鈕程式碼-02用 VBA 建立折線圖.txt> 程式碼貼入)

1️⃣ 選按 **插入 \ 模組**，會新增一個 **Module2**，並開啟其空白模組編輯視窗。

2️⃣ 輸入程式碼，此段程式碼與前面建立直條圖的相同，僅於指定圖表類型時需指定為折線圖。

程式碼：

```
Public Sub 直條圖()

    Range("支出預算!$A$2:$B$8,支出預算!$G$2:$G$8").Select

    ActiveWorkbook.Charts.Add '建立圖表

    ActiveChart.SetSourceData Source:=Range("支出預算!$A$2:$B$8,支出預算!$G$2:$G$8") '資料範圍

    ActiveChart.ChartType = xlLine '指定圖表類型

    ActiveChart.HasTitle = True

    ActiveChart.ChartTitle.Text = "支出預算比較表" '圖表標題設定

    ActiveChart.ChartArea.Select

    ActiveChart.Location Where:=xlLocationAsNewSheet '將圖表置於指定工作列表

End Sub
```

❻ 互動式圖表應用

Step 6 測試程式效果

完成 VBA 程式撰寫後,現在馬上執行看看結果。

1 於一般工具列選按 **檢視 Microsoft Excel** 鈕,返回 Excel 視窗執行巨集。

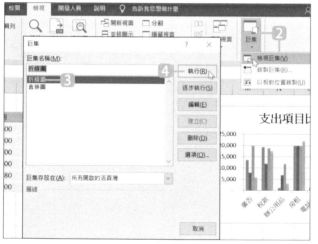

2 在 **支出預算** 工作表中,於 **檢視** 索引標籤選按 **巨集** 清單鈕 \ **檢視巨集** 開啟對話方塊。

3 選取剛剛建立的 **折線圖** 巨集項目。

4 按 **執行** 鈕。

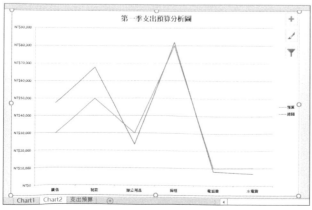

◁ 會新增一個工作表,並依指定的資料範圍建立折線圖圖表,嵌入到這個工作表中。

預設狀態下，每次要執行巨集時都必須於 **檢視** 索引標籤選按 **巨集** 清單鈕 \ **檢視巨集** 開啟對話方塊，再執行巨集名稱。若能在工作表的畫面上放置幾個自訂按鈕，按一下即可執行指定的功能，是不是就更方便！

1 回到 **支出預算** 工作表，於 **開發人員** 索引標籤選按 **插入 \ 表單控制項 \ 按鈕 (表單控制項)**。

2 在下方空白儲存格上，如圖按滑鼠左鍵不放，拖曳出一個按鈕區塊。

3 放開滑鼠左鍵後會自動開啟 **指定巨集** 對話方塊。**巨集名稱** 清單中會列出前面自訂的二個模組，這裡希望按此鈕後會建立直條圖圖表，所以選按 **巨集名稱：直條圖**，按 **確定** 鈕。

在工作表上建立好表單按鈕後，為了方便操作時知道此按鈕的功能，因此要修改按鈕上標註的文字：

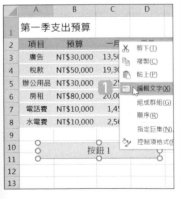

1 回到工作表，在該按鈕上按一下滑鼠右鍵，選按 **編輯文字**。

2 將文字修改為「支出預算比較表-直條圖」。

3 在任一空白處按一下滑鼠左鍵完成編輯。

6 互動式圖表應用

完成按下時會執行指定功能的第一個表單按鈕，現在就試試按鈕的效能。

按下剛剛新增的 **支出預算比較表-直條圖** 鈕，即可於新的工作表中產生以實際支出總額與預算金額比較的長條圖圖表。

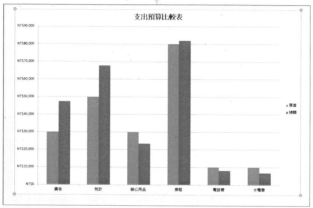

依相同的方法再建立第二個表單按鈕，指定執行前面自訂的 **折線圖** 模組，並修改名稱為：「支出預算比較表-折線圖」。

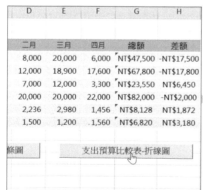

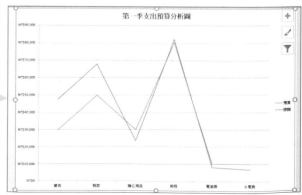

儲存含有巨集的活頁簿 Excel 檔

完成自動產生圖表的按鈕後，可以先將檔案儲存。Excel 基於安全性考量，若含有 VBA 與巨集的活頁簿就必須使用 (.xlsm) 的檔案類型儲存檔案。

1️⃣ 於 **檔案** 索引標籤選按 **另存新檔**。

2️⃣ 按 **瀏覽** 開啟對話方塊。

3️⃣ 指定存檔路徑。

4️⃣ 指定 **存檔類型：Excel 啟用巨集的活頁簿 (*.xlsm)**。

5️⃣ 輸入 **檔案名稱**。

6️⃣ 按 **儲存** 鈕即完成此含巨集活頁簿的檔案。

TIPS

巨集提示對話方塊

若活頁簿本身已經新增了巨集指令，但在儲存檔案時，並無選擇設定 **存檔類型：Excel 啟用巨集的活頁簿 (*.xlsm)** 時，會出現如下的對話方塊：

要將作品儲存成無巨集的活頁簿，請按 **是** 鈕；而按 **否** 鈕則會取消目前的儲存動作，需再以 **另存新檔** 的方式重新儲存為 (*.xlsm) 格式檔。

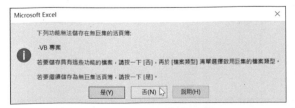

建立依需求變動的圖表

取得需求的資料有許多方式，一開始的章節提到可以透過篩選與排序取得合適的資料再建立圖表，而此章則是透過樞紐分析表分析需要的資料內容再建立圖表。

然而 VBA 可以做到嗎？前面的範例提到應用 VBA 與表單按鈕自動建立圖表，接著要以 VBA 表單示範如何依使用者需求產生互動式圖表，不僅會自動選取新的資料範圍還可有效提升工作效率。此份「支出預算」範例中，即要依使用者想瀏覽的月份與項目為標的，再進行支出比較分析。

Step 1　建立表單

VBA 表單可以包含許多物件，例如：核取方塊、文字方塊、下拉式清單、選項鈕...等，你可在表單上佈置合適的物件，讓使用者透過這個介面操作。

1. 在 **Microsoft Visual Basic for Applications** 視窗中，選按 **插入 \ 自訂表單**。

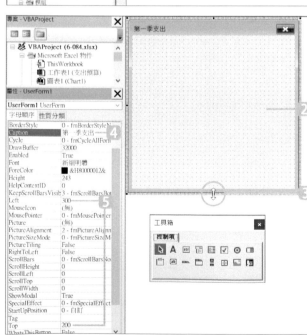

2. 開啟一個空白表單，預設的名稱為 UserForm1，其側邊會開啟 **工具箱** 面板。

3. 拖曳四邊的控制點可以調整表單的大小。

4. 於其 **屬性** 視窗的 **Caption** 欄位輸入：「第一季支出」，表單表頭上會顯示文字：第一季支出。

5. 於其 **屬性** 視窗的 **Left** 與 **Top** 欄位分別輸入：「300」、「200」，指定表單於工作表中出現的位置。

工具箱 面板中的工具鈕各有其功能與用途,以下簡單整理說明:

工具鈕	名稱	說明
▶	選取物件	選取各物件項目,不會產生控制項物件。
A	標籤 (Label)	建立表單中的說明文字,使用者只能瀏覽並無法改變。
abl	文字方塊 (TextBox)	建立一個讓使用者可以輸入的文字方塊。
🔽	下拉式方塊 (ComoBox)	建立清單方塊與文字方塊的組合,使用者可以從清單中選擇一個項目或輸入一個值。
📋	清單方塊 (ListBox)	建立顯示使用者可以選擇的項目清單,清單內容較多時會自動產生捲軸。
☑	核取方塊 (CheckBox)	建立多個核選項目,使用者可核選多個項目。
⊙	選項按鈕 (OptionBotton)	建立多個核選項目,使用者只能核選一個項目。
▢	切換按鈕 (ToggleButton)	建立切換開及關的按鈕。
[XY]	框架 (Frame)	建立一個控制物件的群組,在此框架中的物件為同一群組。
ab	命令按鈕 (CommandButton)	建立執行一個指令的按鈕。
▬	索引標籤區域 (TabStrip)	建立頁面標籤區域,內建有二個索引標籤。
📁	多重頁面 (MultiPage)	將多頁的資訊內容定義為單一集合物件,預設值有二頁,每一頁有專屬的表單。
⬒	捲軸 (ScrollBar)	建立捲動軸,可以是速度或數量的指示器。
🔲	微調按鈕 (SpinButton)	建立增減數字的控制物件。
🖼	圖像 (Image)	建立顯示影像的物件。
🔳	選取範圍 (RefEdit)	建立顯示選取儲存格範圍的視窗。

❻ 互動式圖表應用

由於要在表單上加入多個可單選的 **選項按鈕(OptionBotton)** 元件，所以需先加入
框架 (Frame) 元件搭配使用，這樣才能指定為同一個群組。

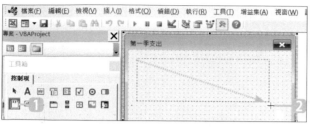

1 選按 **工具箱** 的 ⌐ **框架**。

2 於表單如圖位置拖曳出合
適的框架大小。

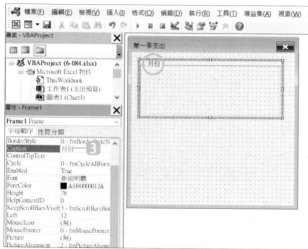

3 於此 Frame1 物件屬性視
窗的 **Caption** 欄位輸入：
「月份」，表單中的框架
上會顯示文字：月份。

以相同的方式再於表單中加入一個 **框架 (Frame)** 元件，並標註為：項目，於後續步
驟中會於此框架內加入多個可複選的 **核取方塊 (CheckBox)** 元件。

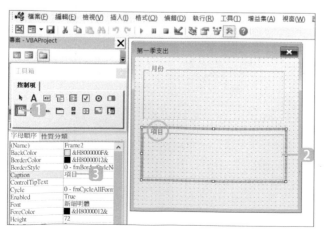

1 選按 **工具箱** 的 ⌐ **框架**。

2 於表單如圖位置拖曳出合
適的框架大小。

3 於此 Frame2 物件屬性視
窗的 **Caption** 欄位輸入：
「項目」，表單中的框架
上會顯示文字：項目。

表單的 "月份" 選項中要建立可單選的 **選項按鈕(OptionBotton)** 元件：一月、二月、三月、四月的四個選項。

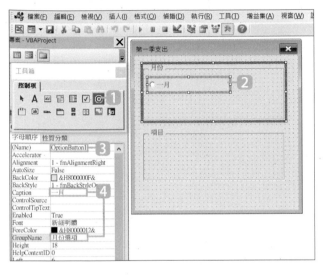

1. 選按**工具箱**的 選項按鈕。

2. 於表單如圖位置按一下滑鼠左鍵產生第一個選項按鈕。

3. 於其 **屬性** 視窗，檢查 **Name** 是否為：OptionButton1，因為等一下程式中會有相關判斷式。

4. 於 OptionButton1 物件屬性視窗的 **Caption** 欄位輸入：「一月」，**GroupName** 欄位輸入：「月份選項」。

以相同的方式再於月份框架中加入多個可單選的 **選項按鈕** 元件 (如下圖擺放)，記得要檢查各選項按鈕 **Name** 的值，並依序設定其 **Caption** 為：二月、三月、四月，**GroupName**：月份選項。

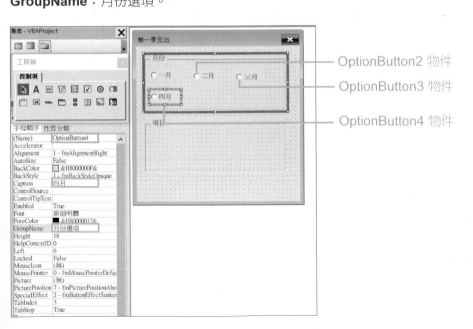

OptionButton2 物件

OptionButton3 物件

OptionButton4 物件

表單的 "項目" 選項中要建立可複選的 **核取方塊 (CheckBox)** 元件：廣告、稅款、辦公用品、房租、電話費、水電費，六個選項。其建立的方式與 **選項按鈕 (OptionBotton)** 元件相同，只要記得於 **Caption** 屬性中輸入選項要顯示的文字。

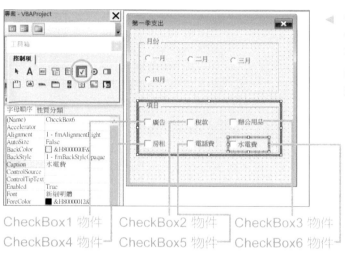

◀ 依序於各核取方塊 **屬性** 視窗檢查，**Name** 是否為：CheckBox1 ~ CheckBox6，因為等一下程式中會有相關判斷式。

CheckBox1 物件 | CheckBox2 物件 | CheckBox3 物件
CheckBox4 物件 | CheckBox5 物件 | CheckBox6 物件

Step 5 建立表單內元件 - 命令按鈕 (CommandButton)

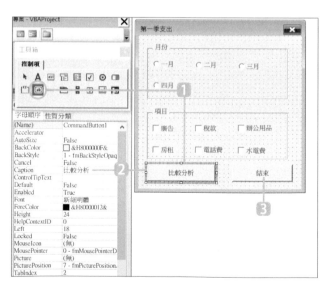

1 選按 **工具箱** 的 命令按鈕，在表單上加入第一個命令按鈕。

2 選取表單上的第一個命令按鈕，於其 **Caption** 屬性設定要顯示的文字為：比較分析。

3 依照相同操作，加入第二個 "結束" 命令按鈕。

撰寫 "比較分析" 鈕的程式碼

當按下表單上的 **比較分析** 鈕，此鈕主要執行五項操作：

- 定義工作表
- 清除工作表上的圖表與指定儲存格內的值
- 判斷表單中選擇了哪個月份並將值顯示在指定的 K2 儲存格
- 判斷表單中選擇了哪些項目，取得該項目該月份支出的值並顯示在指定儲存格。
- 依選擇的月份與項目資料，建立直條圖圖表。

如下說明依序撰寫此按鈕內的程式碼。(也可直接複製範例檔案整理的 <表單按鈕程式碼-比較分析鈕.txt> 程式碼貼入)

1 於表單上的 **比較分析** 鈕連按滑鼠左鍵二下。

2 在此處輸入程式碼。

程式碼 (比較分析鈕 - 第一段)：

```
Private Sub CommandButton1_Click()

    Dim Pay As Worksheet '定義目前的工作表

    Set Pay = Worksheets("支出預算")

    ActiveSheet.ChartObjects.Delete '清除工作表上的圖表

    Pay.Range("K3") = 0 '將廣告的值歸零

    Pay.Range("K4") = 0 '將稅款的值歸零

    Pay.Range("K5") = 0 '將辦公用品的值歸零

    Pay.Range("K6") = 0 '將房租的值歸零

    Pay.Range("K7") = 0 '將電話費的值歸零

    Pay.Range("K8") = 0 '將水電費的值歸零
```

説明：

首先定義必須於 **支出預算** 工作表，接著清除此工作表上既有的圖表以及將 K3、K4、K5、K6、K7、K8 儲存格內的值歸零，這樣即完成第一階段的準備工作。

程式碼 (比較分析鈕 - 第二段)：

```
If OptionButton1.Value = True Then '判斷選擇了哪個月份並標註在 K2 儲存格

    Pay.Range("K2") = OptionButton1.Caption

ElseIf OptionButton2.Value = True Then

    Pay.Range("K2") = OptionButton2.Caption

ElseIf OptionButton3.Value = True Then

    Pay.Range("K2") = OptionButton3.Caption

ElseIf OptionButton4.Value = True Then

    Pay.Range("K2") = OptionButton4.Caption

End If
```

説明：

此段程式碼是要判斷使用者於表單 "月份" 選項中選擇了哪一個項目：一月、二月、三月、四月，因為月份是單選的選項所以只會有一個結果值，因此運用 If....ElseIf....End If 判斷。當 OptionButton1 的值為 True (即是被選取)，則在 K2 儲存格中顯示 OptionButton1 的 Caption 屬性值 (一月)，以此類推，一層層判斷使用者於表單選擇了哪個月份並將文字顯示在 K2 儲存格。

程式碼 (比較分析鈕 - 第三段)：

```
If CheckBox1 = True Then '判斷選擇了哪些項目並取得其該月份的值

    Pay.Range("K3") = WorksheetFunction.HLookup(Pay.Range("K2"), Pay.Range("$A$2:$F$8"), 2, 0)

End If

If CheckBox2 = True Then

    Pay.Range("K4") = WorksheetFunction.HLookup(Pay.Range("K2"), Pay.Range("$A$2:$F$8"), 3, 0)

End If

If CheckBox3 = True Then

    Pay.Range("K5") = WorksheetFunction.HLookup(Pay.Range("K2"), Pay.Range("$A$2:$F$8"), 4, 0)

End If

If CheckBox4 = True Then

    Pay.Range("K6") = WorksheetFunction.HLookup(Pay.Range("K2"), Pay.Range("$A$2:$F$8"), 5, 0)

End If

If CheckBox5 = True Then

    Pay.Range("K7") = WorksheetFunction.HLookup(Pay.Range("K2"), Pay.Range("$A$2:$F$8"), 6, 0)

End If
```

```
If CheckBox6 = True Then
    Pay.Range("K8") = WorksheetFunction.HLookup(Pay.Range("K2"), Pay.Range("$A$2:$F$8"), 7, 0)
End If
```

説明：

此段程式碼是要判斷使用者於表單 "項目" 選項中選擇了哪一個項目：廣告、稅款、辦公用品、房租、電話費、水電費，因為項目為複選的選項所以可能會有一至六個結果值，因此運用 If....End If 一項項判斷。

第一個判斷：當 CheckBox1 的值為 True (即是被選取)，因為 CheckBox1 代表 **廣告** 項目，因此在 K3 儲存格中透過 **HLookup** 函數依 "月份" 選項選擇的月份值取得資料範圍 $A$2:$F$8 中對應的值，以此類推，一層層判斷使用者於表單選擇了哪些項目並將值顯示在指定儲存格。

程式碼 (比較分析鈕 - 第四段)：

```
ActiveWorkbook.Charts.Add '新增一個圖表
ActiveChart.SetSourceData Source:=Range("支出預算!$J$2:$K$8") '資料範圍
ActiveChart.ChartType = xlColumnClustered '指定圖表類型
ActiveChart.Location Where:=xlLocationAsObject, Name:="支出預算" '將圖表置在指定之工作列表
ActiveSheet.ChartObjects.Height = 170 '設定圖表高度
ActiveSheet.ChartObjects.Width = 280 '設定圖表寬度
ActiveSheet.ChartObjects.Top = 30 '設定圖表座標X軸
ActiveSheet.ChartObjects.Left = 620 '設定圖表座標Y軸
ActiveChart.HasTitle = True
ActiveChart.ChartTitle.Characters.Text = Pay.Range("K2") & "份支出項目比較"
End Sub
```

⑥ 互動式圖表應用

説明：

此段程式碼與前面操作過的建立直條圖圖表程式碼幾乎相同，只是這個圖表是指定建立於 **支出預算** 工作表中，並指定了圖表高度、寬度與圖表擺放的位置。

當按下表單上的 **結束** 鈕,會關閉目前開啟的表單物件,待表單物件關閉才能進入 Excel 工作表操作使用。

如下說明依序撰寫此按鈕內的程式碼。(也可直接複製範例檔案整理的 <表單按鈕程式碼-結束鈕.txt> 程式碼貼入)

1️⃣ 於左側 **專案** 總管視窗, UserForm1 物件項目上連 二下滑鼠左鍵。

2️⃣ 回到表單,於表單上的 **結 束** 鈕連按滑鼠左鍵二下。

3️⃣ 輸入程式碼,此段程式 碼可關閉目前開啟的表 單物件。

Step 8 插入第三個新模組並撰寫開啟表單的程式碼

最後再建立一個模組 **Module3**,這個模組中寫入開啟 UserForm1 表單並清空表單內 容值的一段程式碼,於下個步驟中將會透過表單按鈕執行。

如下說明撰寫此模組內的程式碼。(也可直接複製範例檔案整理的 <工作表按鈕程式碼-03開啟分析表單.txt> 程式碼貼入)

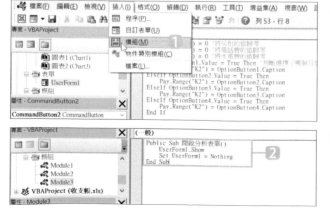

1️⃣ 選按 **插入 \ 模組**,會新增 **Module3**,並開啟其空白 模組編輯視窗。

2️⃣ 輸入程式碼,此段程式碼 可開啟 UserForm1 表單並 清空表單內容值。

完成前面運用 VBA 設計表單與程式的部分,再來就是回到 Excel 工作表中,插入一個可以啟動 VBA 表單的表單按鈕。

1 於 **開發人員** 索引標籤選按 **插入 \ 表單控制項 \ 按鈕 (表單控制項)**。

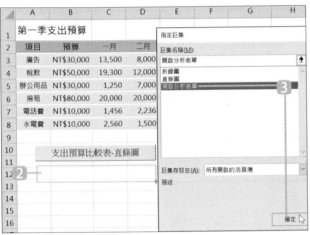

2 在下方空白儲存格上,如圖按滑鼠左鍵不放,拖曳出一個按鈕區塊。

3 放開滑鼠左鍵後會自動開啟 **指定巨集** 對話方塊,**巨集名稱** 清單中選按剛剛建立的模組:**開啟分析表單**,按 **確定** 鈕。

在工作表上建立表單按鈕後,為了方便操作時知道此按鈕的功能,因此要先修改按鈕上標註的文字:

1 回到工作表,在該按鈕上按一下滑鼠右鍵,選按 **編輯文字**。

2 將文字修改為「支出比較分析」。

3 在任一空白處按一下滑鼠左鍵完成編輯。

剛剛製作完成的 **支出比較分析** 按鈕按下時會開啟一VBA 表單,現在試試該表單可以與使用者互動產生不同條件的各式分析。

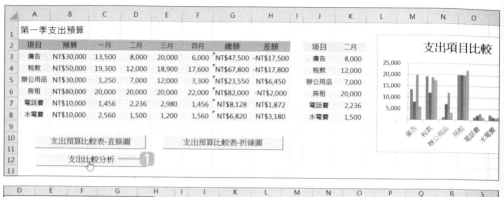

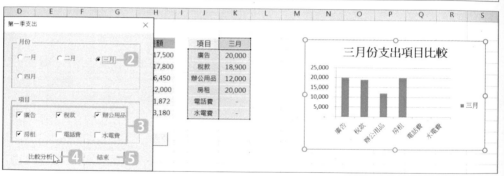

1️⃣ 於工作表選按 **支出比較分析** 鈕,即可開啟 **第一季支出** 表單。

2️⃣ 於表單上選擇想要瀏覽的月份:一月、二月、三月或四月,只能選一個項目。

3️⃣ 於表單上選擇想要瀏覽的項目:廣告、稅款、辦公用品、房租、電話費、水電費,可以多選或全選。

4️⃣ 選好 "月份" 與 "項目" 後,於表單上按 **比較分析** 鈕,工作表中會於 K2 儲存格顯示所選擇的月份,於 K3 到 K8 儲存格顯示所選擇項目該月份支出的值,並於右側自動建立一個直條圖圖表。

可以再依需求選擇其他月份與項目,只要按 **比較分析** 鈕就會產生相對的值並建立圖表,讓使用者可快速瀏覽不同條件下的分析資料與圖表。

5️⃣ 最後,於表單上按 **結束** 鈕即會關閉表單回到 Excel 的編輯操作模式。

Part
7

套用範本快速完成圖表

從範本中找到合適的樣式套用，只要將資料填入，再
稍微調整儲存格樣式、替換合適的圖表...等動作，就
可以順利完成一份新的報表。

80 建立及使用 Excel 範本

以特定類別搜尋

在 **Excel 新增** 畫面中提供了幾款較常用的範本供選擇使用，若沒有找到合適的範本，可以選按上方的類別項目：商務、個人、清單、財務管理、記錄檔...等，從中挑選適合的類別範本：

 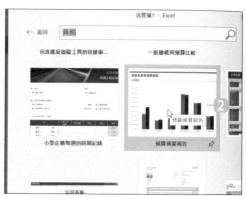

1️⃣ 選按 **檔案** 索引標籤 \ **新增**，在 **建議的搜尋** 類別中選按合適項目。

2️⃣ 於範本清單中選按合適的範本。

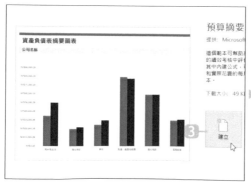 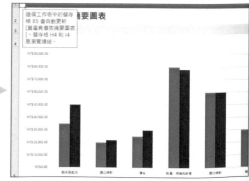

3️⃣ 選按 **建立** 鈕，開啟的範本已設計了基礎格式及資料結構，只要稍做修改，便可以輕鬆完成。若想要保留此範本活頁簿，請記得另存新檔！

以關鍵字搜尋

若以分類找不到合適的範例時，也可以透過關鍵字搜尋線上範本。

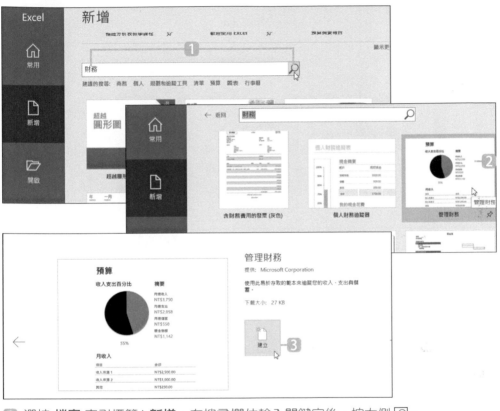

1. 選按 **檔案** 索引標籤 \ **新增**，在搜尋欄位輸入關鍵字後，按右側 🔍。

2. 於範本清單當中選按合適的範本。

3. 選按 **建立** 鈕。

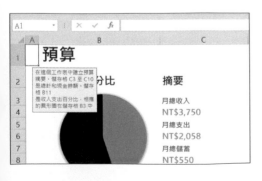

在 Excel 中會出現下載的活頁簿範本，若想要保留此範本活頁簿，請記得另存新檔！

實作 "簡易月預算表" 範本

以下將透過 **類別** 方式找到合適的範本主題，可下載範本再依需求調整為自己的文件。

1. 選按 **檔案** 索引標籤 \ **新增**，在類別中選按 **個人**。

2. 於範本清單中選按 **簡易月預算表**。

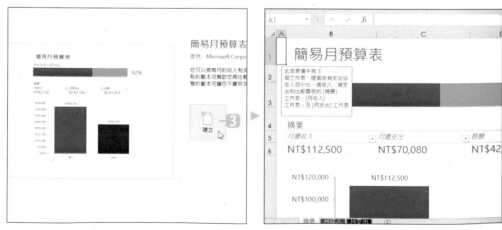

3. 選按 **建立** 鈕，開啟的範本已設計了基本的格式及資料結構，可以此範本為基礎，修改樣式！

開啟 "簡易月預算表" 表單後，可以修改成適合個人的月預算表。

1 切換至 **月收入** 工作表。

2 先刪除原本的收入項目，再輸入個人月收入的 **項目** 與 **金額**。

3 切換至 **月支出** 工作表。

4 刪除原本的支出項目，再輸入個人月支出的 **項目** 與 **金額**。

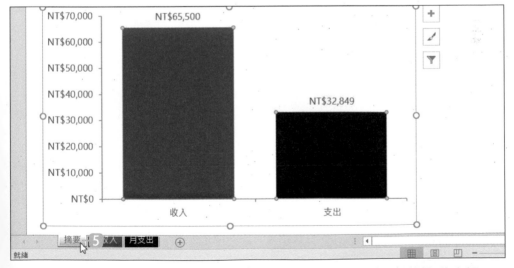

5 切換至 **摘要** 工作表，畫面中即可看到 **月總收入**、**月總支出** 與 **餘額** 的金額，下方並有圖表表示目前收支平衡的狀況，讓你輕鬆掌握每個月預算的金額。

財務、理財相關圖表範本

個人理財相關圖表範本

可以使用預算、貸款、計算機、財務管理...等關鍵字,搜尋個人理財範本,以下列舉一些常用的項目:

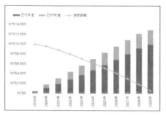
貸款計算工具

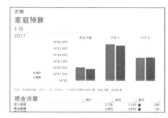
家計

個人淨值計算工具

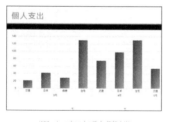
個人支出計算機

管理財務

家庭預算表(月)

公司財務管理相關圖表範本

可以使用預算、損益、發票、商務、企業、資產、財務管理...等關鍵字,搜尋公司財務範本,以下列舉一些常用的項目:

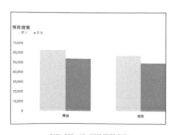
每月公司預算

作業成本追蹤器

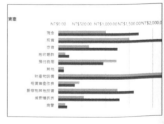
資產負債表

Part

8

SmartArt 圖形
建立資料圖表

SmartArt 擁有許多圖形類型，例如：流程圖、階層
圖、循環圖和關聯圖...等，每個類型都包含數種不同
的版面配置，可以讓資料數據以多樣化方式來呈現。

82 SmartArt 圖形設計原則

面對大量的資料與數據，除了以圖表圖形
化的呈現外，使用 SmartArt 圖形工具也是
一個不錯的方式，SmartArt 圖形可以簡單
的突顯資料重點，透過視覺化呈現流程、
概念、階層和組織關係，讓你更有效率地
傳遞訊息或想法也增添內容的多樣性。

製作流程建議：

1. 確認主題
2. 選擇合適的 SmartArt 圖形
3. 輸入資料內容
4. 設定樣式、色彩與修飾

以下提供 SmartArt 的設計原則供你參考：

例 1：選擇合適的 Smart Art 圖形樣式

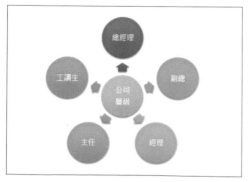

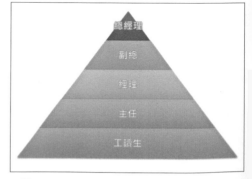

✖ 層級式的資料，如公司組織架構以
放射性的圖形來呈現較不合適，無
法了解由上至下的從屬關係。

⭕ 層級式資料較常用的是 SmartArt
圖形中的 **階層圖**，若想有較特別
的呈現，**金字塔圖** 也是一個不錯
的選擇。

例 2：圖形色彩與方向的關聯性

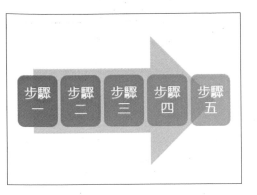
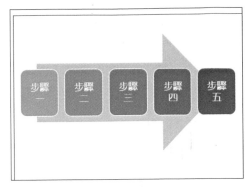

❌ 一般來說，淺色代表事件的開始
點、深色代表事件的結束點，當圖
形代表著資料的順序關係時，就需
注意色彩的使用上是否恰當。

⭕ 步驟一至步驟三的圖形上若想要設
計不同的色彩，必須由淺至深。如
果箭頭要設計漸層色時，也需要遵
守相同的色彩設計原則。

例 3：符合觀眾的瀏覽習慣

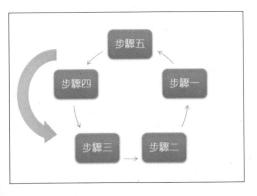
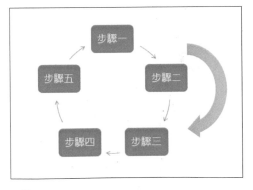

❌ 遵循由上而下、由左而右、由內而
外的設計原則，上圖以逆時鐘的
方式呈現違反了一般觀眾瀏覽的習
慣，另外圖形的起點，步驟一的位
置並非位於十二點鐘方向。

⭕ 以圓形的 **循環圖** 來說，正確的
瀏覽習慣是由十二點鐘方向順時
鐘瀏覽，符合觀眾瀏覽習慣來設
計的圖形才能有效的呈現內容。

83 建立 SmartArt 圖形

SmartArt 圖形可讓文件更顯專業，更可加強或說明圖表內容，與圖表可以說是 Excel 中相輔相成的二項工具。SmartArt 圖形中每一個圖形表示一個不同的概念或構想，建立的方式十份簡單，透過預設的多款樣式套用即可。

Step 1　開啟 SmartArt 對話方塊

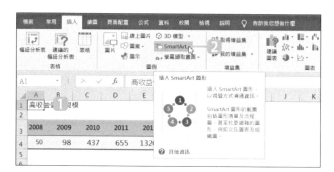

1. 選取任一儲存格。

2. 於 **插入** 索引標籤選按 **插入 SmartArt 圖形** 開啟對話方塊。

Step2　選擇想要套用的 SmartArt 圖形樣式

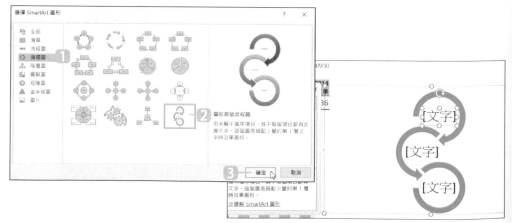

1. 選按 **循環圖** 類型。

2. 選按 **圓形箭號流程圖** 樣式。

3. 按 **確定** 鈕，即可在工作表上建立 SmartArt 圖形。

84 調整 SmartArt 圖形大小與位置

為了方便編輯及符合工作區內容需求,可適當的調整 SmartArt 圖形大小與位置。

手動調整 SmartArt 圖形位置與大小

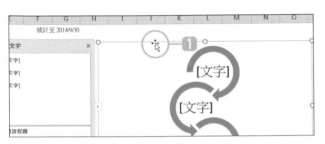

1 選取整個 SmartArt 圖形後,將滑鼠指標移至工作範圍框上呈 狀時,按住滑鼠左鍵不放,可拖曳 SmartArt 圖形至適當的位置。

2 選取整個 SmartArt 圖形後,將滑鼠指標移至 SmartArt 圖形四個角落控點上呈 狀時,按住滑鼠左鍵不放,拖曳可調整整個圖形大小。

以精確的數值調整 SmartArt 圖形大小

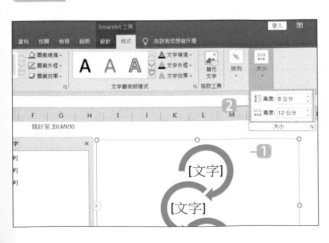

1 選取整個 SmartArt 圖形。

2 於 **SmartArt 工具 \ 格式** 索引標籤中輸入 **圖案高度** 與 **圖案寬度** 的值即可。

85 利用文字窗格輸入文字

插入 SmartArt 圖形後，就可以依照需求輸入相關文字內容。

Step 1 開啟文字窗格

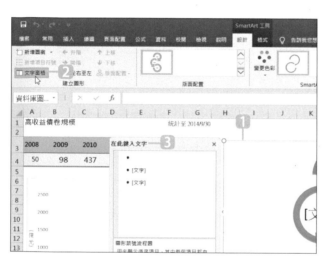

1. 將滑鼠指標移至 SmartArt 圖形範圍上呈 時，按一下滑鼠左鍵呈現選取狀態。

2. 於 **SmartArt 工具 \ 設計** 索引標籤選按 **文字窗格**。

3. SmartArt 圖形左側會開啟文字窗格。

Step2 輸入相關文字內容

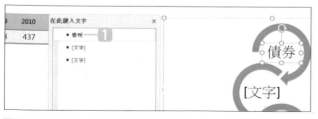

1. 在文字窗格第一層按一下滑鼠左鍵，輸入「債券」文字。

2. 按 Shift + Enter 鍵強迫分行後，再輸入「收益機會」。

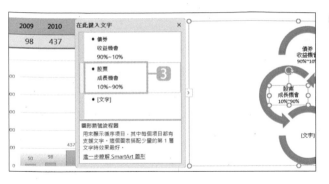

3 依相同方式,參考左圖於文字窗格第一層的第三行、第二層輸入其他文字。

Step3 **刪減 SmartArt 圖案**

在此只需要二筆資料,參考以下方式刪除預設的第三個 SmartArt 圖案。

1 將輸入線移至第二層文字最後一個字後方,按 **Del** 鍵即可刪除第三層空白區域,此時會發現右側的 SmartArt 圖案也縮減為二個。

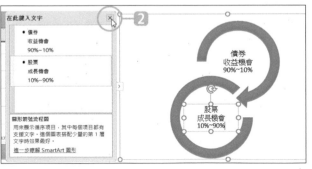

2 完成後按右上角 ⊠ 鈕關閉文字窗格。

ⓉⒾⓅⓈ

快速開啟文字窗格

在選取整個 SmartArt 圖形狀態下,按一下 SmartArt 圖形範圍圖框左側 ◁ 鈕,即可開啟 SmartArt 圖形文字窗格。

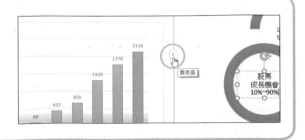

86 調整 SmartArt 字型樣式

可依照文件內容性質，為 SmartArt 圖形文字套用合適的格式。

Step 1 一次設定 SmartArt 圖形中的所有文字格式

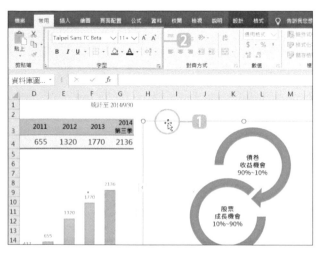

1. 選取整個 SmartArt 圖形。

2. 於 **常用** 索引標籤 **字型** 區域設定合適的字型、大小、顏色...等格式。

Step 2 個別設定 SmartArt 圖形中的文字格式

SmartArt 圖形中的文字，可以個別選取套用不同的文字格式。

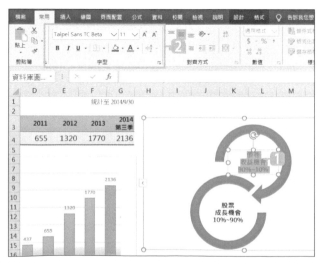

1. 選取 SmartArt 圖形中欲調整格式的文字。

2. 於 **常用** 索引標籤 **字型** 區域設定合適的字型、字型大小與顏色。

87 利用版面配置快速變更圖形樣式

已建立內容文字的 SmartArt 圖形，可以利用 **版面配置** 區快速變更為其他的樣式。

Step 1 開啟版面配置清單

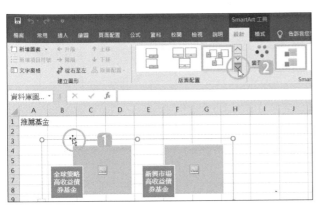

1. 選取整個 SmartArt 圖形。

2. 於 **SmartArt 工具 \ 設計** 索引標籤選按 **版面配置-其他** 清單鈕。

Step 2 選擇合適的版面配置

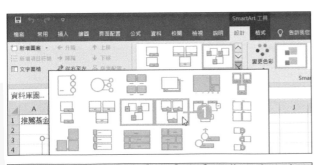

1. 於清單中選按合適的版面配置樣式套用。

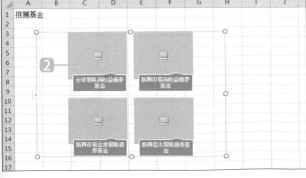

2. SmartArt 圖形即變更為所要的外觀。

⑧ SmartArt 圖形建立資料圖表

88 為既有的 SmartArt 圖形新增圖案

SmartArt 圖形，預設約有 3 到 5 筆的資料 (圖案)，若是想要增加筆數 (圖案)，可以透過 **新增圖案** 功能。

Step 1 新增 SmartArt 圖案

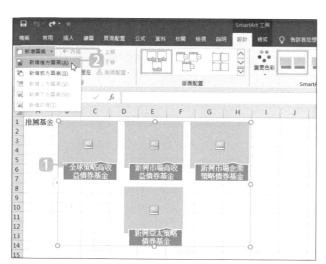

1 選取整個 SmartArt 圖形。

2 於 **SmartArt 工具 \ 設計** 索引標籤選按 **新增圖案** 清單鈕 \ **新增後方圖案**。

(或開啟文字窗格，在想要新增的位置按 Enter 鍵，就會在後方自動產生新的圖案物件與文字框。)

Step 2 為新增的圖案加入文字

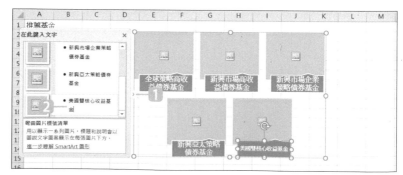

1 按一下 SmartArt 圖形範圍圖框左側 ◁ 鈕，開啟文字輸入窗格。

2 輸入相關文字至 SmartArt 圖形文字配置區中。

變更 SmartArt 圖案的形狀

透過 **變更圖案** 功能,變更 SmartArt 圖案的形狀,以呈現最佳的視覺效果。

Step 1 選取要變更的圖案物件

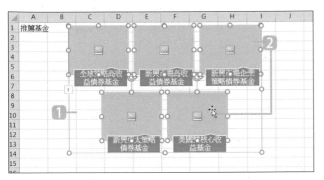

1️⃣ 選取整個 SmartArt 圖形。

2️⃣ 按 **Shift** 鍵不放,一一選取要變更的圖案物件。(在此選取淺藍色的圖片擺放配置區)

Step 2 選擇要變更的圖案

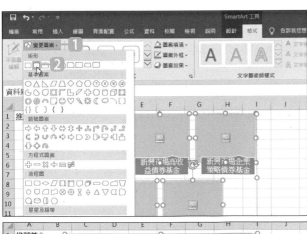

1️⃣ 於 **SmartArt 工具 \ 格式** 索引標籤選按 **變更圖案**。

2️⃣ 於圖案清單中選擇合適的圖案。

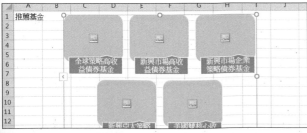

◀ 即可看到 SmartArt 圖案已變更為所要的圖案。

❽ SmartArt 圖形建立資料圖表

為 SmartArt 圖形插入圖片

SmartArt 圖形版面配置中預設已有多款設計好的圖片配置區，讓你在設計圖形時也可以輕鬆指定要加入的圖片，不需調整大小，圖片就會自動依該配置區的設計調整。

Step 1 開啟插入圖片視窗

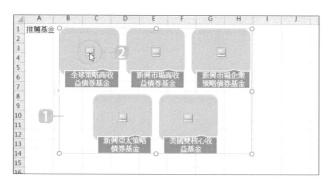

1 選取整個 SmartArt 圖形。

2 選按第一個圖片配置區上的 📷 插入圖片 圖示。

Step 2 選擇合適的圖片

1 於 插入圖片 視窗選按 從檔案。

2 於開啟對話方塊選取合適的圖片。

3 按 插入 鈕。

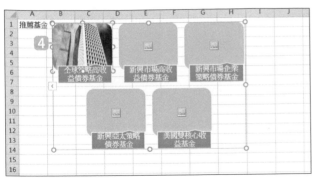

4 即可完成圖片的插入。

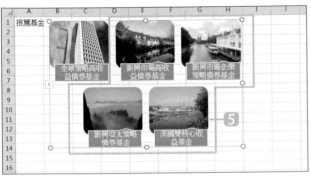

5 依相同方式，完成其他四張圖片的插入。

91 為 SmartArt 圖形加上底色

預設的 SmartArt 圖形沒有背景底色，在插入後有時會看不清楚 SmartArt 圖形樣貌，可藉由加上底色讓 SmartArt 圖形內容更清楚。

Step 1 選擇圖案填滿的色彩

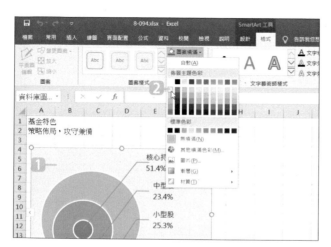

1. 選取整個 SmartArt 圖形。

2. 於 **SmartArt 工具 \ 格式** 索引標籤選按 **圖案填滿**，在佈景主題色彩清單中挑選合適的色彩套用。

Step 2 選擇要套用的漸層效果

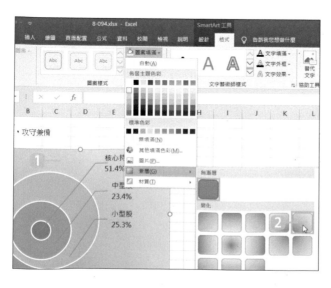

1. 選取整個 SmartArt 圖形。

2. 於 **SmartArt 工具 \ 格式** 索引標籤選按 **圖案填滿 \ 漸層**，在漸層清單中挑選合適的變化效果套用。

變更 SmartArt 圖形視覺樣式

預設的 SmartArt 圖形顯得較為單調，無法吸引瀏覽者目光，可以套用內建設計好的 SmartArt 樣式，加強視覺上的效果。

Step 1 開啟 SmartArt 樣式清單

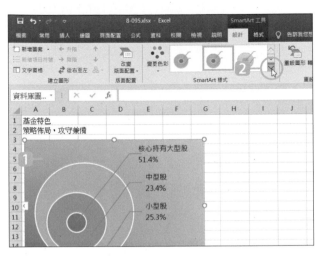

1 選取整個 SmartArt 圖形。

2 於 **SmartArt 工具 \ 設計** 索引標籤選按 **SmartArt 樣式-其他**。

Step 2 選擇合適的視覺樣式

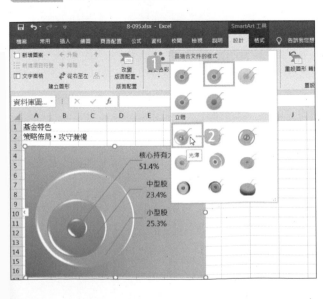

1 清單中提供 14 種設計樣式，將滑鼠指標移到設計樣式組合上即可預覽套用的效果。

2 於清單中選按合適的樣式套用。

93 變更 SmartArt 圖形色彩樣式

SmartArt 內建許多色彩樣式，可依個人喜好更換顏色，強化視覺效果。

Step 1 **開啟 SmartArt 色彩樣式清單**

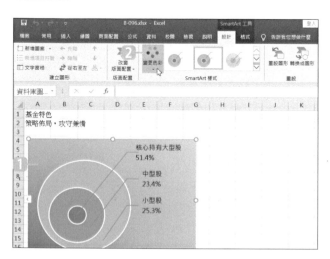

1️⃣ 選取整個 SmartArt 圖形。

2️⃣ 選按 **SmartArt 工具 \ 設計** 索引標籤選按 **變更色彩**。

Step 2 **選擇合適的色彩樣式**

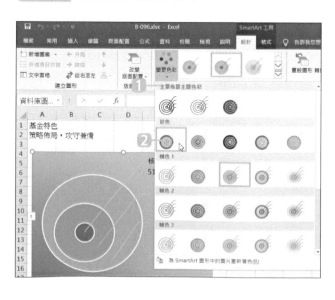

1️⃣ 清單中提供 38 種色彩樣式，將滑鼠指標移到色彩樣式組合上即可預覽套用的效果。

2️⃣ 於清單中選按合適的色彩樣式套用。

Part
9

圖表與其他軟體的
整合應用

設計完成的圖表還可以運用在 PowerPoint 簡報、列
印或轉成 PDF、XPS 的文件以 E-mail 傳送,讓圖
表有更多面向的應用。

94 讓資料數據與圖表印在同一頁

製作好的資料數據與圖表，列印時常會遇到最後一欄或一列或部分圖表被印在第二頁，該如何調整才能將資料印於同一頁面呢？

列印之前先透過預覽列印檢視工作表列印出的結果，未調整前若看到資料有部分被移到下頁，則要調整設定確保能列印完整的資料。

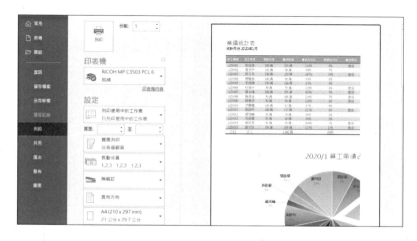

Step 1 設定列印範圍

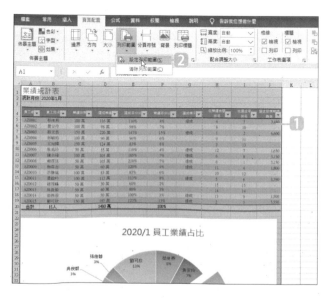

1️⃣ 先選取欲列印的儲存格範圍，作為列印對象。

2️⃣ 於 **頁面配置** 索引標籤選按 **列印範圍\ 設定列印範圍**。

1 於 **頁面配置** 索引標籤選按 **版面設定** 對話方塊啟動器。

Step 3 設定列印縮放比例

1 選按 **頁面** 標籤。

2 核選 **縮放比例**,再於欄位輸入合適的縮放比例值。(若是不確定要調整的比例,可以直接核選 **調整成** 並輸入「1」頁寬「1」頁高,這樣就可讓資料與圖表縮放在一頁中印出)

3 按 **預覽列印** 鈕。

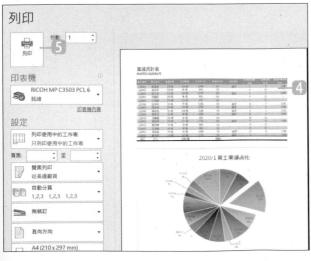

4 在 **列印** 視窗可看到資料已依指定比例或頁寬、頁高縮放呈現。

5 確認資料正確的顯示於頁面後,按 **列印** 鈕即可開始列印文件。

95 讓列印內容顯示於紙張中間

列印資料內容時，預設會靠紙張的左上角開始擺放列印，然而某些專業或制式的文件會要求將印製出來的正式圖表擺放於紙張中央，以下將使用版面設定將列印範圍內的資料依指定置中方式呈現。

Step 1 開啟版面設定對話方塊

1. 選按 **頁面配置** 索引標籤。
2. 選按 **版面設定** 對話方塊啟動器。

Step 2 設定頁面選項

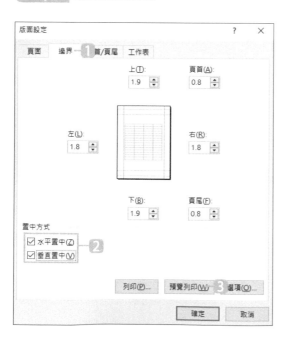

1. 選按 **邊界** 標籤。
2. 核選 **水平置中** 與 **垂直置中**，文件會擺放於紙張正中央。
3. 按 **預覽列印** 鈕，可以看到資料已依指定方式調整。

96 將圖表轉存成 PDF 或 XPS 格式

圖表、報表、庫存管理、行政公文...等複雜且機密的文件，若希望使用者在瀏覽或列印文件時不能任意變更內容，可將檔案另存成 PDF 或 XPS 格式，不但可以固定版面格式，更可以達到輕鬆檢視、共用與列印功能。

認識 PDF 與 XPS 檔案格式：

- **PDF** (Portable Document Format)：對外公告與內部資料流通的瀏覽文件規格，可以防止文件被竄改，也可以維持原檔格式的完整性。

- **XPS** (XML Paper Specification)：一種電子文件格式，不但可以固定版面配置、保存格式、享有檔案共用功能，更具有絕佳的機密與安全性。

Step 1 確認頁面內容

要將 Excel 文件轉換為 PDF 或 XPS 是依據列印文件的設定進行，所以在開始轉換格式前需先運用前面說明的預覽與列印設定，確認文件內容是否完整顯示於頁面中。

Step 2 匯出為 PDF 或 XPS 文件

確認好後，依如下操作將文件匯出：

1 選按 **檔案** 索引標籤。

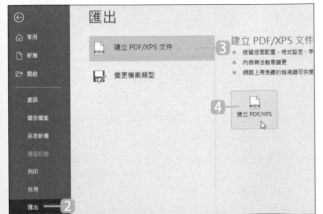

2 選按 **匯出**。

3 選按 **建立 PDF/XPS 文件**。

4 選按 **建立 PDF/XPS** 鈕。

9 圖表與其他軟體的整合應用

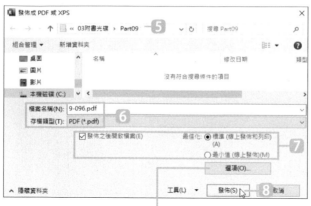
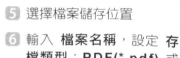

5 選擇檔案儲存位置

6 輸入 **檔案名稱**，設定 **存檔類型：PDF(*.pdf)** 或 **XPS(*.xps)**。

7 核選最佳化的方式與是否在發佈後開啟檔案。

8 按 **發佈** 鈕。

發佈為 PDF 或 XPS 的內容會以目前使用中工作表為主，如果要變更發佈範圍可按 選項 鈕進行設定。

◄ 發佈完成後，會以電腦中的預設讀取器開啟瀏覽。

TIPS

檢視 PDF 或 XPS 檔案

1. 在 Windows 10 系統下，要檢視 PDF 檔案，預設以 **閱讀程式** 開啟檢視。若是 Windows 8 之前的版本，則必須安裝 PDF 讀取程式，其中一種讀取程式是由 Adobe 公司，「http://www.adobe.com/tw/」所提供的 Acrobat Reader。

2. 若是另存成 XPS 格式時，在 Windows 10 系統下，會直接開啟 **XPS 檢視器** 檢視檔案。

將圖表嵌入 PowerPoint 簡報中

利用資料連結的方式,可以將 Excel 製作好的圖表,嵌入至 PowerPoint 簡報中方便開會時使用,也可以在圖表資料更新時,於 Excel 或 PowerPoint 同步變更,節省許多製作時間及避免資料輸入錯誤的問題。

Step 1 複製 Excel 中的圖表

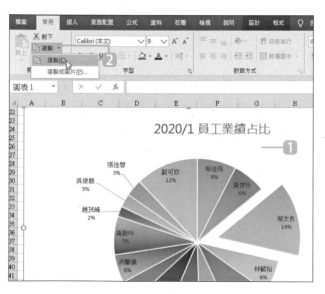

1 選取圖表。

2 於 **常用** 索引標籤選按 **複製** 清單鈕 \ **複製**。

Step 2 開啟 PowerPoint 軟體貼上

1 開啟要貼上 Excel 圖表的 PowerPoint 檔案,於 **常用** 索引標籤選按 **貼上** 清單鈕 \ **選擇性貼上**,開啟對話方塊。

2 核選 **貼上連結**。

3 按 **確定** 鈕。

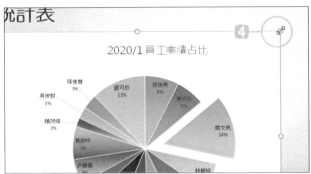

4 即可看到剛剛在 Excel 中複製的圖表已貼到 PowerPoint 中,可將滑鼠指標移至圖表四個角落控點上呈 ↘ 狀時,按住滑鼠左鍵不放,拖曳縮放圖表至合適大小。

Step 3 測試同步更新圖表資料

回到 Excel 工作表中,將員工 "杜美玲" 的達成業績從原本 55 萬更改為100 萬。

員工編號	員工姓名	業績目標	達成業績	達成百分比	業績百分比
4					
5 AZ0001	蔡佳燕	100 萬	116 萬	116%	8%
6 AZ0002	黃安伶	100 萬	98 萬	98%	6%
7 AZ0003	蔡文良	150 萬	220 萬	147%	14%
8 AZ0004	林麒裕	100 萬	96 萬	96%	6%
9 AZ0005	尤宛臻	150 萬	124 萬	83%	8%
10 AZ0006	杜美玲	100 萬	100 萬	100%	7%
11 AZ0007	陳金瑋	100 萬	105 萬	105%	7%

1 選取 D10 儲存格。

2 將 55 萬更改為 100 萬。

◀ 可看到業績百分比由 4% 變更為 7%。

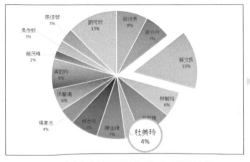

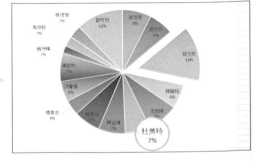

▲ 圖表資料中的百分比也立即更新。

回到 PowerPoint 中檢視已插入的圖表，會發現圖表資料因為已設定連結，所以圖表也會立即更新。

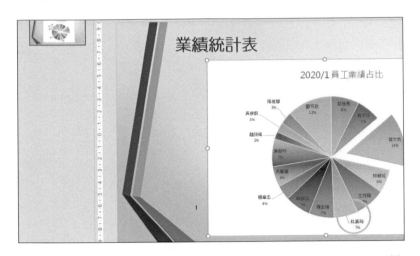

要注意！設定了連結的檔案不能任意變更檔案儲存的相對位置或是 Excel 檔名，這樣會找不到連結的檔案，而影響到資料的更新。

TIPS

更新圖表資料內容

1. 在未開啟 PowerPoint 軟體狀態下，於 Excel 更新圖表資料時，再次開啟 PowerPoint 軟體，會出現一個重新連結的對話方塊，只要按 **更新連結** 鈕，PowerPoint 中圖表就會立即更新。

2. 若是 Excel 與 PowerPoint 二個軟體都同時開啟，更新 Excel 圖表資料，但 PowerPoint 圖表卻未更新時，可以在 PowerPoint 圖表上按一下滑鼠右鍵，選按 **更新連結**。

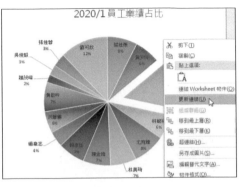

翻倍效率工作術--不會就太可惜的 Excel 必學圖表(第二版)

作　　者：文淵閣工作室 編著 / 鄧文淵 總監製
企劃編輯：王建賀
文字編輯：江雅鈴
設計裝幀：張寶莉
發 行 人：廖文良

發 行 所：碁峰資訊股份有限公司
地　　址：台北市南港區三重路 66 號 7 樓之 6
電　　話：(02)2788-2408
傳　　真：(02)8192-4433
網　　站：www.gotop.com.tw
書　　號：ACI033500
版　　次：2020 年 03 月二版
　　　　　2024 年 02 月二版五刷
建議售價：NT$320

國家圖書館出版品預行編目資料

翻倍效率工作術：不會就太可惜的 Excel 必學圖表 / 文淵閣工作
室編著. -- 二版. -- 臺北市：碁峰資訊, 2020.03
　　面；　公分
　　ISBN 978-986-502-461-1 (平裝)
　　1. EXCEL(電腦程式)
312.49E9　　　　　　　　　　　　　　　　109003766